Dirk Schmidt

DU bist das Produkt

Erfolgreich verkaufen in 8 Schritten

Warum Deine Motivation und
Persönlichkeit entscheidend sind

amade
VERLAG

2. Auflage 2017

ISBN: 978-3-9815194-8-8

„Ein sehr guter Überblick über alles, was Verkäufer und vor allem Verkäuferpersönlichkeiten wissen müssen, um erfolgreich zu sein – kurzweilig und unterhaltsam, informativ und fundiert, humorvoll und vor allem … wahr. Denn nicht das Produkt entscheidet, sondern der Verkäufer. ‚DU bist das Produkt' erklärt anschaulich, wie Persönlichkeiten und Typen sich ihren Markt schaffen."

DEUTSCHER MANAGERVERBAND

Falk S. Al-Omary
Vorstandsvorsitzender Deutscher Managerverband e.V

Du willst etwas verkaufen? Dann braucht Dein Produkt ein Alleinstellungsmerkmal und muss richtig klasse sein. Ohne das geht nichts, heißt es.

„Alles Quatsch" meint hingegen der Motivationstrainer und Top-Verkäufer Dirk Schmidt. Vergiss das Produkt. ***DU bist das Produkt.***

DU musst klasse sein. Schließlich willst **DU** auch verkaufen. Also sei ein Typ und verkaufe.

Entscheidend für den Erfolg im Verkauf ist alleine Deine Fähigkeit, andere Menschen emotional zu erreichen. Engagiert. Empathisch. Authentisch. Mit Persönlichkeit, Gelassenheit, Cleverness, geschickter Kommunikation und den richtigen Fragen an Deine Kunden.

Hier erfährst Du in acht praxisorientierten Schritten, wie Du auf die emotionale **Insel** des Interessenten kommst, wie Du erfährst, was er wirklich will, was einen persönlichen Kundennutzen ausmacht, wie Du Einwande von Vorwänden unterscheidest und warum Du Fehler machen musst, um besser zu werden.

Dirk Schmidt muss es wissen. Er plaudert aus dem Nähkästchen zwanzigjähriger Verkaufs- und Vertriebspraxis. Vom Trainee bis zum Inhaber und Geschäftsführer eines Autohauses hat er sich hochgearbeitet – oder besser gesagt „hochverkauft". Heute zählt er zu den gefragtesten Experten für Motivation und innere Einstellung, die Basis für erfolgreiches Verkaufen.

Lies dieses Buch. Du wirst Augen machen. **Und mehr Umsatz.**

Möchtest Du auch
Deine Umsätze und Erträge steigern?

Dann besuche das Seminar
oder den Vortrag zu
diesem Buch.

„ ... Kurz und bündig: Sie waren alle rundum begeistert! Ich hatte sogar das Gefühl, um es bildlich zu beschreiben, dass unsere Außendienstler FLÜGEL bekommen haben und vor Kraft strotzen!“

Annette Assfalg CEO, Assfalg GmbH, Schwäbisch Gmünd

„Dirk Schmidt hat mich persönlich nach vorne gebracht. Wenn ich das sagen darf, ich habe schon zahlreiche Trainings besucht – seines gehört mit zu den beiden besten!“

Ulrich Goez – Costa Kreuzfahrten

In diesem **motivierenden Verkaufstraining** lernst Du Deine Überzeugungskraft zu steigern. Mit dem Erlernen der **8 Phasen** eines Verkaufsgespräches gelingt es Dir in der Praxis, Deinen Umsatz deutlich zu steigern.

Produkte, Dienstleistungen oder gute Ideen verkaufen sich nicht von alleine. Der Markt ist transparent und der Kunde hat heute eine fast grenzenlose Auswahl an nahezu identischen Produkten unterschiedlicher Anbieter. Dennoch gibt es einige wenige erfolgreiche und viele erfolglose Verkäufer.

- Welche Geheimnisse haben die erfolgreichsten Topverkäufer?
- Welche Strategien und Überzeugungskraft besitzen sie?
- Entdecke Deine Möglichkeiten, Dein Verkaufspotenzial noch deutlich zu erweitern und Deine Ressourcen voll auszuschöpfen.
- Werde zum Top-Verkäufer. **DU bist das Produkt!**

Infos und Termine findest Du unter:
www.dirkschmidt.com/dbdp

Vorwort

Zum Thema Verkaufen wurde schon viel gesagt und geschrieben. Doch nicht immer das, worauf es ankommt, wenn Du Kunden nicht nur gewinnen, sondern auch behalten möchtest.

Als ich 14 Jahre alt war, erarbeitete ich mir in den Sommerferien mein erstes Mofa. Natürlich hätte ich auch weiterhin mit dem Fahrrad fahren können. Aber alle meine Freunde hatten ein Mofa. Also brauchte ich auch eins.

Das Mofa kam für mich nur von einem bestimmten Händler in Frage. Weil es **DER** Händler in der Region war. Dabei war er weder günstig noch nah. Im Gegenteil. Es dauerte fast zwei Stunden bis wir mit dem Mofa dort ankamen und für Ersatzteile nahm er Apothekenpreise. Das machte uns nichts aus. Denn wir wussten, dass wir bei ihm stets willkommen waren. Auch wenn wir kein Mofa kauften oder seinen überteuerten Reparatur-Service nicht in Anspruch nahmen.

Manchmal fragten wir den Händler einfach, wie wir ein Problem selbst beheben könnten. Er hatte immer einen flotten Spruch auf Lager und half uns weiter. Das gab uns dieses gute Gefühl, dass er uns ernst nahm. Nicht nur als Kunden, sondern als Menschen; als Teenager mit Träumen und großen Plänen. Insofern kaufte ich dort nicht nur mein Mofa. Ich erwarb quasi einen Teil von ihm selbst, weil mich die Persönlichkeit dieses Mannes begeisterte.

In dieser Zeit begann ich selbst mit Ersatzteilen für Mofas zu handeln. Es ergab sich aus der Situation heraus, da ich meinen „heißen Ofen“ ständig verändern und verbessern wollte. Ein Teil ersetzte das andere und die übrig gebliebenen Teile mussten ja irgendwo hin. Also verkaufte ich sie an Freunde, an Bekannte und an Bekannte von Bekannten.

Im Laufe der Zeit merkte ich, wie ich mich für den Handel mit diesen Produkten immer stärker zu interessieren begann. Vor allem faszinierte mich die Kunst des Verkaufens. Dabei ging es weniger um die Produkte an sich. Es waren die zwischenmenschlichen Aspekte, die mich zum Denken und Handeln anregten. Denn ein Ersatzteil konnte noch so gut sein, wenn ich mich nicht mit dem Käufer beschäftigte, mit seiner Persönlichkeit und mit seinen Bedürfnissen, bekam ich nicht annähernd den angestrebten Preis. Entsprechend war es umgekehrt. Entstand ein positiver persönlicher Bezug zwischen dem Käufer und mir, erzielte ich Preise, an die ich teilweise nicht zu denken wagte.

Als ich mit meiner Mutter darüber sprach, meinte sie:
„Es ist egal, was Du verkaufst. Es kommt darauf an,
***WIE* Du es verkaufst.“**

Wie Recht sie hatte, merkte ich, als ich den Verkauf und Vertrieb zu meinem ersten Berufsfeld machte. In diesen zwanzig Jahren – vom einfachen Verkäufer bis zum Inhaber eines Autohauses – behielt ich diese Erfahrungen stets in meinem mentalen Marschgepäck. Dazu kam eine weitere Erkenntnis: Es nützt Dir nichts, wenn Dein Produkt zurückkommt. Du profitierst dafür umso mehr, wenn Dein Kunde zurückkommt. Und zwar zu **DIR**. Nicht nur zu Deinem Produkt. Weil **DU** es bist. Überzeugend in Deinem Auftreten. Sicher in Deiner Argumentation. Verlässlich in der Berücksichtigung der Bedürfnisse Deines Gegenübers. Deshalb ist es **DEIN** Kunde. Die Frage nach einer Alternative stellt sich für ihn gar nicht mehr. Für ihn bist **DU** *Dein Produkt*.

Als ich vor über zehn Jahren mein „zweites“ Leben als Mental- und Motivationstrainer startete, war es mein Antrieb, dieses Wissen weiter zu geben. An alle, die daran glauben möchten, dass die eigene Einstellung und der eigene Wille **DIE** entscheidende Basis für jeden Erfolg im Leben bilden. Für jedes entwickelte und erfolgreich realisierte Projekt. Für jeden erfolgreich akquirierten und zufriedenen

Kunden. Wesentlich ist nicht das Was. Wesentlich ist immer das **WIE**. Wie dieses **WIE** funktioniert, beschreibe ich in diesem Buch. Hier und da wirst Du Dich vielleicht bestätigt, manchmal provoziert fühlen. Das ist gut so, denn es bringt Leben in Dein Denken und in Dein Handeln. Alles, was Du für dieses Buch brauchst, ist Offenheit gegenüber neuen Denkanstößen, vor allem jedoch gegenüber Dir selbst und den Fähigkeiten, die in Dir stecken.

Wie Du, lieber Leser, bereits gemerkt hast, duze ich Dich. Das hat seinen Grund. Denn dieses Buch gibt es auch in Form eines Verkaufsseminars. In diesem Seminar duze ich die Teilnehmer auch. Da finde ich es nur konsequent, wenn ich es hier genauso halte.

Vielleicht wirst Du Dich wundern, dass Du in diesem Buch das Wort Verkäuferin, Kundin oder Leserin nicht finden wirst. Dafür Interessent, Kunde, Käufer, Verkäufer, Vertriebler und Außendienstler.

Ich habe mich bewusst dafür entschieden, keine explizite Trennung der Geschlechter vorzunehmen. In meinem Verständnis beziehen sich Begriffe wie Kunde und Verkäufer auf beide Geschlechter, da ich die Dinge möglichst einfach halten möchte.

Wir alle wissen, dass wir viel falsch machen können. Wir können aber auch sehr viel richtig machen. Wenn wir es wollen.

Möge Dir dieses Büchlein auf Deinem Weg ein guter und nützlicher, vielleicht sogar täglicher Begleiter sein.

Dein
Dirk Schmidt

www.dirkschmidt.com

Kapitel 1

Die Vorbereitung

Nur in den seltensten Fällen stehen Kunden für ein Produkt Schlange. So wie wir es z.B. aus den Medien kennen, wenn das neue iPhone auf den Markt kommt. Warum tun sie das? Um ein reines Telefon kann es nicht gehen. Das bekommen sie an jeder Ecke. Aber wen interessiert schon, wer das neue SONY hat.

Beim iPhone ist das eben anders. Dafür liegen sich die Fans nachts den Rücken krumm oder frieren im Schlafsack. Und wofür? Um die Ersten zu sein. Die ersten Kunden, die dieses Produkt in den Händen halten. Als Trophäe ihrer Begeisterung. Als Belohnung für ihre Geduld. Als Ausgleich für ihre Anstrengung.

Ist es vernünftig, sich deswegen eine Lungenentzündung zu holen? In meinen Augen nicht. In Deinen Augen vielleicht auch nicht. Aber unsere Sicht spielt hier keine Rolle. Denn für eingefleischte iPhone-Fans ist es vernünftig. Sie bekommen einen exklusiven Mehrwert, einen individuellen Kundennutzen, den ihnen keiner mehr nimmt. Deshalb rollen sie auch für die nächste iPhone-Generation wieder ihren Schlafsack aus.

Nun gehe ich davon aus, dass Du nicht unbedingt iPhones oder Schlafsäcke verkaufst. Was hat also der iPhone-Hype mit Deinem beruflichen Alltag zu tun? Ganz einfach:
Es geht darum, Vernunft fühlbar zu machen!

Denk ein wenig um die Ecke. Dem Kunden zu sagen, Du hättest ein tolles Angebot, das hört er zehn Mal am Tag. Ihn mit individuellen Lösungen und positiven Hinweisen zu überraschen, das erlebt er garantiert nicht so oft. Es geht darum, Türen zu öffnen. Die Türen zu Deinen Kunden. Am schnellsten öffnen sich Türen, wenn positive Dinge passieren, die wir weder erwarten noch täglich erleben.

Damit erreichst Du einen Interessenten auf seiner emotionalen Ebene und gibst ihm Gelegenheit, einen persönlichen Mehrwert für sich zu erkennen. Je besser Deine Nutzenargumente dabei sind, desto überzeugter wird Dein Gegenüber sein. Je sicherer Du dabei agierst, umso stärker wird der Preis für das Angebot in den Hintergrund geraten. Denn Dein Kunde merkt: Mit Dir, das fühlt sich gut an.

Wie Du Deine Kunden im Gespräch emotional begeistern kannst, wird ausführlich Thema in diesem Buch behandelt. Zunächst geht es darum, wie Du Deine eigene Begeisterung wecken und erkennen kannst. Denn die beste Verkaufsvorbereitung beginnt bei Dir selbst. Bei Deiner eigenen Ausstrahlung.

Je interessanter Du bist, desto einfacher wirst Du es Deinen Interessenten machen, zu tatsächlichen Kunden zu werden. Das mag anstrengend klingen, aber nicht nur meine eigene Erfahrung zeigt: Später hast Du es umso leichter.

1.1. Die Motivation
Warum Deine innere Einstellung entscheidend für Deinen Erfolg im Verkauf ist

Unser Gehirn ist ein hochkomplexes Organ. Milliarden von Zellen und tief verzweigte Verbindungen zwischen den verschiedenen Arealen machen es so gut wie unmöglich, alle mentalen Vorgänge in ihrer Gesamtheit zu analysieren.

Doch Wissenschaftler in aller Welt – Neurologen, Psychologen, Physiker, Chemiker, Sozialwissenschaftler – sind eifrig dabei, den Geheimnissen unseres Denkens auf den Grund zu kommen.

Was ich als Mental- und Motivationstrainer bereits mit Sicherheit sagen kann, ist Folgendes: Dein Denken beeinflusst auf entscheidende Weise Dein Handeln und damit auch Deinen Erfolg. Denn nur mit dem Denken alleine verkaufst Du nichts. Dein Denken bildet das Fundament für Deinen Willen und Dein Auftreten anderen Menschen gegenüber.

Je positiver Du über Dich selbst denkst, desto stärker wird Dein Selbstbewusstsein, umso besser Deine Ausstrahlung. Je positiver Du die Dinge betrachtest, die in Deinem täglichen Leben passieren, umso stärker wird Deine innere Motivation. Je stärker Du von dem überzeugt bist, was Du tust, umso größer wird die Wahrscheinlichkeit, dass Du Erfolg haben wirst.

Wenn Deine Motivation erst einmal entfacht ist, wird sie zum Kraftstoff, den Du Dir selbst verabreichst und damit zum Motor Deines Handelns. Daraus entsteht die Gelassenheit, die Deinen Kunden beeindruckt, die Courage, die Deinen Kunden fasziniert und Dein Engagement, das ihn schließlich überzeugt.

Nun lautet die entscheidende Frage: **WIE**? Wie weckst und stärkst Du Deine Motivation für den beruflichen Alltag? Und zwar am besten so, dass sie Dich einfach mitzieht, ohne – krass ausgedrückt – jeden Morgen über heiße Kohlen zu laufen, um zu spüren, dass Du noch lebst oder andere Dinge tun zu müssen, die Du im Grunde gar nicht willst.

Eine gute Methode ist die Entwicklung eines konkreten Ziels und dieses Ziel mit Leben zu füllen. Was willst Du erreichen in Deinem Leben? Ein schönes Haus mit Deiner Partnerin und Euren Kindern? Ein tolles Auto? Inneres Glück und Zufriedenheit? Schöne Ferien auf den Seychellen? Eine Runde Golf nach dem Morgenkaffee? Ein Leben in finanzieller Unabhängigkeit?

Was Deine Ziele sind, weiß ich nicht. Das ist auch nicht wichtig. Es ist umso wichtiger, dass **DU** Deine Ziele kennst. Und falls nicht, mein Tipp: Finde es heraus.

Warum machst Du das alles? Nur um jeden Morgen aufzustehen und zu funktionieren? Das kann es doch nicht sein. Werde Dir darüber bewusst, **WOFÜR** Du machst, was Du machst. Dann läuft Dein innerer Motor stabil. Vielleicht läuft er nicht andauernd so geschmeidig wie Du es Dir wünscht. Dein inneres Ziel und Dein Wille, dieses Ziel zu erreichen, sorgen jedoch dafür, dass er umso schneller wieder geschmeidig läuft. Mit dem schönen Nebeneffekt, dass andere Menschen dies ebenso merken wie Du selbst. Gehe von Dir selbst aus und stelle Dir vor, Du triffst jemanden – egal, ob Du diese Person schon kennst oder nicht – Ihr kommt ins Gespräch darüber, warum dieser Mensch tut, was er in diesem Moment tut. Diese Person nennt Dir dafür – mit klarer Überzeugung – einen persönlichen Grund. Wie kommt das bei Dir an? Ich wette, es beeindruckt Dich mehr als wenn dieser Mensch erst einmal lange überlegen müsste. Menschen mit Plan erzielen eine stärkere positive Aufmerksamkeit als Leute, die bei solchen Fragen ins Stocken geraten.

Sobald Du Dein eigenes Ziel gefunden hast, bist Du bereits auf dem Weg dorthin. Jeder Gedanke, den Du im Kopf damit verknüpfst, bringt Dich ein Stückchen weiter. Jede Aktion auf dem Weg dorthin – und sei sie noch so klein – stimmt Deine Gefühlslage auf positive Art ein bisschen mehr darauf ein. Hierbei geht es nicht um den sogenannten großen Sprung. Dein Herz macht lieber kleine Sprünge. Hauptsache, es springt. Dorthin, wo Du in Deinem Kopf hin möchtest. Dafür ist Dein Herzblut da.

Ohne Ziel hat der Mensch kein Verhalten. Ist Dein Ziel dafür konkret, ist auch Dein Verhalten konkret und führt Dich zum Ziel. Dann verkaufst Du, weil Du es willst. Nicht, weil Du es musst. Das ist ein großer und entscheidender Unterschied.

Motivation ist die Fähigkeit, Fähigkeiten zu mobilisieren.

[Prof. Dr. Hans-Jürgen Quadbeck-Seeger]

1.2. Feuer frei

Warum Du für Dein Angebot nicht zu sterben brauchst, aber dafür brennen musst

Wenn Du weißt, was Du willst, kannst Du damit beginnen, den Weg zu Deinem Ziel zu gestalten.

Es geht darum, einen Plan zu entwickeln, der Dich beim Vorankommen unterstützt. Schritt für Schritt. Plan liest sich vielleicht etwas kompliziert. Das ist es nicht. Du brauchst weder eine Doktorarbeit zu schreiben noch ein dreidimensionales Lebensmodell anzufertigen. Plan ist aber der richtige Begriff. Denn es bedeutet, dass **DU** einen Plan für Dich selbst bekommst. Ganz egal, wie dieser Plan aussieht. Mit einem Plan wird das, was Du vorhast, konkret. Es nimmt Gestalt an. Zunächst in Deinem Kopf. Dann in Deinem täglichen Handeln. Schließlich auf dem Konto oder in anderen wichtigen Bereichen Deines Lebens.

Wie kann so ein Plan aussehen? Dafür möchte ich Dir ein Beispiel aus meinem Leben als Vertriebler geben:

Als ich vor vielen Jahren als Trainee bei einem Autohaus begonnen habe, schickte mich mein erster Chef direkt an die Verkaufsfront. Damals hatte noch jeder Verkäufer einen eigenen Verkaufstisch. Dorthin kamen die Kunden und natürlich wollten sie wissen, mit wem sie es zu tun haben. Deshalb stand auf jedem Tisch das Namensschild des entsprechenden Verkäufers. So auch dem Tisch des unerfahrenen Trainees namens Dirk Schmidt.

Der Sinn des Namensschildes leuchtete mir ein. Keine Frage. Aber es war mir nicht genug. Also klebte ich auf die Rückseite des Schildes das Foto eines Strandes, das ich aus einem Urlaubskatalog ausgeschnitten hatte. Darauf klebte ich ein kleineres Foto, auf dem ich mit meiner damaligen Partnerin zu sehen war. Nun sah ich also ständig dieses Bild. Meine Freundin und ich am Traumstrand. Denn dort wollte ich mit ihr hin. Ich konnte es gar nicht übersehen. Das motivierte mich jedes Mal aufs Neue bevor der nächste Interessent kam oder ich während eines Gespräch kurz auf das Foto schaute. Manchmal tat ich dies auch unbewusst und programmierte so mein Unterbewusstsein auf dieses Ziel.

Wie dies genau funktioniert, wurde mir erst später klar, als ich mich eingehender mit Psychologie, Kommunikation und Eigenmotivation zu beschäftigen begann. Denn was wir unbewusst tun, entscheidet maßgeblich darüber, wo unser Weg hinführt. Deshalb ist es wichtig, unserem Unterbewusstsein ein Ziel vorzugeben. Sonst wäre es, wie wenn wir ins Taxi einsteigen und dem Fahrer kein Ziel nennen. Was soll der Fahrer tun? Das stiftet nur Verwirrung. Mit einem Ziel vor Augen weiß der Fahrer, woran er ist. Und vor allem wissen wir es selbst auch.

Während ich als Verkäufer mein Ziel nie aus den Augen verlor, bestätigte sich die Erkenntnis, die ich schon beim Handel mit Ersatzteilen für Mofas machte: Interessenten geht es nicht um technische Informationen an sich. Sie wollen erkennen, welches positive Gefühl ihnen ein technisches Merkmal gibt. Sie wollen spüren, welchen persönlichen Nutzen ihnen ein Produkt bietet.

Gehe von Dir selbst aus: Bekommst Du einen Adrenalinschub, nur weil auf dem Tachometer eines Automobils 300 km/h steht? Wahrscheinlich nicht. Wenn Dein „Kopfkino“ jedoch losgeht, Du Dir vorstellst, wie Du mit 300 km/h unterwegs bist, dann schon eher. Kauflust entsteht beim Blick ins „Kopfkino“, nicht in die Bedienungsanleitung oder auf den Tacho.

Da ich von Technik nicht viel Ahnung hatte, kam ich auf die Idee, diese Schwäche zu einer Stärke zu machen. Jedes Mal, wenn ein

Interessent eingehender auf die Technik eines Fahrzeugs zu sprechen kam, bat ich ihn, kurz zu warten und sich einstweilen vorzustellen, wie er mit dem Wagen fahren würde. Dann ging ich in die Werkstatt und bat einen der Kfz-Meister kurz zum Gespräch dazu zu kommen. Mit dem Fachmann an meiner Seite klappte es hervorragend. Die Interessenten bekamen vom Kfz-Meister fachmännische Antworten auf ihre Fragen, während ich diese Informationen aufgriff und ihr „Kopfkino" mit Leben füllte. Es war also quasi die Kombination aus Technik und Leidenschaft.

So wurden zahlreiche Interessenten zu Käufern. Zwar kauften nur die wenigsten einen Wagen spontan. Um sie noch stärker zu überzeugen, kam ich dafür auf Idee, ihnen eine Versicherungskarte für den Wagen auszustellen. Damals brauchte man diese Karte noch, wenn man ein Auto für den Straßenverkehr zulassen wollte. Damit bekamen sie von mir einen starken persönlichen Nutzen. Denn mit der Karte konnten sich meine Kunden den Weg zum Kfz-Versicherer sparen und ihren Wagen direkt bei der Zulassungsstelle für den Straßenverkehr anmelden.

So machte ich aus meinem Namensschild einen Motivationsunterstützer, aus meiner Technikschwäche eine Tugend und aus der damaligen Gesetzeslage einen individuellen Mehrwert für meine Kunden.

Nur einige Monate später fand ich mich mit meiner Freundin an einem Traumstrand wieder. Wir hatten eine wunderbare Zeit und feierten meinen ersten großen Erfolg in Sachen Verkauf.

Einen Plan zu machen, muss nicht bedeuten, dass alles so passieren muss wie es schon immer passierte oder wie Du es Dir in jedem einzelnen Detail vorstellst. Einen Plan zu haben und dabei flexibel bleiben, im Denken wie im Handeln, das ist die Devise.

Wenn Dein Handeln widerspiegelt, was Du bist, ist Deine Motivation umso stärker. Dann bist Du authentisch und kannst noch stärker für Dein eigenes Angebot brennen.

Dein Wille ist Charakter in Aktion.

[Graffiti in Leipzig]

1.3. Vergiss das Produkt - DU bist das Produkt

Warum Du nur mit eigenen Stärken ein Produkt verkaufst

Wann hat Dich zum letzten Mal ein Verkäufer derart persönlich überzeugt, dass Du wegen ihm das Produkt gekauft hast? Denke einmal kurz darüber nach. Was war ausschlaggebend für Deine Entscheidung? Nur die Fachkenntnis des Mannes bzw. der Frau? Dann gehörst Du zu der kleinen Minderheit an Menschen, die solche Entscheidungen ausschließlich an sogenannten harten Faktoren festmachen. Für die meisten Menschen ist es ausschlaggebend, wie ein Verkäufer auf sie zugeht und wie er im Laufe eines Gespräches mit ihnen umgeht. Sprich: Seine Persönlichkeit!

Interessanterweise spielen die äußere Form und die Rahmenbedingungen des Gesprächs nur eine untergeordnete Rolle. Es ist nicht wichtig, ob Du für das Gespräch zum Verkäufer kommst oder er zu Dir. Es ist nicht ausschlaggebend, ob Ihr einen Termin vereinbart habt, ob Ihr Euch spontan oder sogar zufällig trefft. Es spielt nicht einmal eine Rolle, ob Ihr telefoniert oder Euch in Fleisch und Blut gegenüber steht.

Entscheidend ist, ob es diesem Menschen in diesem Zeitfenster gelingt, Dich von Deinem persönlichen Nutzen seines Angebots zu überzeugen, weil Du Dich bei ihm in guten Händen fühlst. Und zwar in diesem Moment genau bei ihm – und nur bei ihm.

Hierzu ein konkretes Erlebnis, von dem mir neulich ein guter Bekannter erzählte. Der Mann hat beruflich mit Handel von Computerzubehör zu tun. Beim Thema Vertrieb kennt er sich gut aus. Privat ist er absolut fußballbegeistert.

Vor einigen Monaten, so erzählte er mir, bekam er abends einen Anruf seines Mobilfunkproviders. Ein freundlicher, aufgeweckter Callcenter-Mitarbeiter – etwa Mitte 20, schätzte er – begrüßte ihn mit dem Angebot, dass sein Provider ihm als langjährigem Kunden etwas schenken möchte.

„Schenken? Ich dachte, ich hab was an den Ohren“, meinte mein Bekannter, *„Wo bekommen wir heute noch etwas geschenkt?“* Ich lächelte und fragte ihn, wie es weiter ging.

Dann erzählte er mir, wie der Anrufer ihn mit ruhiger, klarer Stimme fragte, ob er negative Erfahrungen gemacht habe. *„Das war sein erster Pluspunkt“*, berichtete mir mein Gesprächspartner weiter, *„er ging auf meine Reaktion überzeugend ein.“* Ihm war allerdings noch nicht klar, warum ausgerechnet er etwas geschenkt bekommen sollte. Der Netzbetreiber hätte viele Kunden. Die Antwort des Call-Center-Mitarbeiters kam prompt: Weil er ein langjähriger Kunde sei und das Mobilfunkunternehmen ihn gerne als solchen behalten möchte. Dafür wollten sie ihm gerne dieses spezielle Angebot machen. Mein Bekannter war positiv beeindruckt. Das klang schlüssig. *„Mit diesem Argument und seiner aufgeräumten, herzlichen Art hat er mich gepackt“*, so mein Bekannter.

Um es kurz zu machen, hatte er zehn Minuten später einen günstigeren Mobilfunkvertrag mit besseren Leistungen. Dazu sechs Monate Sky-Bundesliga auf dem Smartphone kostenlos. Anschließend zu sehr günstigen Konditionen. Für ihn als Fußball-Fan ist das ein echter persönlicher Mehrwert. Wenn er z.B. am Wochenende unterwegs ist, muss er keine Lokalität suchen, die Fußball überträgt. Er kann auf seinem Smartphone die Bundesliga-Konferenz live anschauen. Oder wenn er möchte, sogar auf seinem Notebook. Insofern hat ihm dieser Mitarbeiter im Verkaufsinnendienst tatsächlich etwas geschenkt, was er vorher noch nicht hatte und womit er sich heute immer noch sehr gut fühlt. *„Wenn ich auf meinem Handy manchmal die Bundes-*

liga-Konferenz anschaue, muss ich immer wieder an den Kollegen denken", erzählte mir mein Gesprächspartner, *„Damit habe ich nicht gerechnet."*

Natürlich hat der Mobilfunkbetreiber auch etwas davon. Mein Bekannter verlängerte seinen Vertrag, der ein halbes Jahr später ausgelaufen wäre, vorzeitig. Insofern schenkte er dem Netzbetreiber ein Stückchen zukünftige Entscheidungsfähigkeit. Aber er hat es gerne gemacht: *„Dann muss ich mich nicht durch den Tarif-Dschungel wühlen. In der Zeit schau ich doch lieber Fußball"*, meinte er abschließend. Ich lächelte und stellte mir dabei den Call-Center-Agenten vor. Wenn er wüsste, was für einen guten Job er macht. Aber wahrscheinlich weiß er es sogar, sonst könnte er nicht so überzeugend am Telefon auftreten.

Wenn es um unser Geld geht, sehen und hören wir umso genauer hin und oft genug hört beim Geld die Freundschaft auf. Im Vertrieb kann es allerdings auch umgekehrt sein. Wenn Dich Dein Interessent als authentisch wahrnimmt, wenn ihm Deine Persönlichkeit gefällt, kann es gut sein, dass die Freundschaft erst richtig anfängt.

Denn für Deinen Interessenten geht es weniger darum, ob sein Geld weg geht. Er möchte es sowieso in ein Produkt oder in eine Dienstleistung Deiner Art umtauschen. Sonst würde er nicht mit Dir sprechen. Dein Kunde kauft Dein Produkt nicht wegen des Produktes. Er kauft es wegen Dir. Nur weil der Call-Center-Mitarbeiter überzeugend war, hat sich mein Bekannter seine Offerte überhaupt angehört. Zuerst kommt die Persönlichkeit. Dann kommt das Produkt. Umso stärker wird Dein Angebot.

Fachwissen ist erlernbar. Die Persönlichkeit macht den Unterschied.

[Mike Fischer]

1.4. Die „suboptimale Erscheinung“

Warum Dein Erfolg bei der Farbe Deiner Socken beginnt

„Kleider machen Leute“ – das hat schon im 19. Jahrhundert der Dichter Gottfried Keller festgestellt. Nicht nur die Mode hat sich seither erheblich geändert. Berufliche Dresscodes sind nicht mehr so strikt. Jeans sind salonfähig. Tätowierungen sind keine Tabus mehr. Die Krawattenpflicht ist weitgehend aufgehoben. Dennoch gilt weiterhin: Deine äußere Erscheinung ist das Titelbild Deiner Persönlichkeit!

Das wichtigste Kriterium lautet: Das Gesamtbild muss stimmen. Krawatte hin, Piercing her – es muss zusammen passen. Kleiden, ja. Verkleiden, nein. Dein Outfit macht nur Eindruck, wenn Dein Charakter darin zur Geltung kommt und Du authentisch bist. Ein geschmackvolles Erscheinungsbild kann bei Kunden direkt positiv wirken. Deshalb empfehle ich, große Ausreißer in Sachen Outfit zu vermeiden. Der Weg zum Kunden ist weder ein Laufsteg noch der Gang zum Kühlschrank bevor die Sportschau anfängt.

Eine enorme Wichtigkeit hat Deine Gepflegtheit. Bei jeder Art von Kundenkontakt. Deine Frisur sollte auch nicht so aussehen, als hättest Du die Schere eines Friseurs zum letzten Mal bei Deiner Konfirmation gesehen. Dazu ein Outfit, das dem Dresscode Deines Arbeitgebers – sofern es diesen gibt – entspricht und vor allem Deinen persönlichen Stil widerspiegelt. Je mehr Dein Kunde das Gefühl bekommt, dieser Mensch dort in Deinen Kleidern, das bist tatsächlich **DU**, umso besser ist die Basis für eine gute Zusammenarbeit.

Zusammengefasst sind hier einige Standards, damit Dein Outfit stimmig ist:

- Weiße Socken tragen Ärzte und Tennisspieler, doch diese sind nicht im Vertrieb tätig. Du brauchst niemanden zu operieren. Du brauchst auch nicht Wimbledon zu gewinnen. Deshalb: Trage keine weißen Socken.

- Was für Schuhe Du auch trägst – ob Slipper, Sneaker oder Stiefel – sie müssen sauber sein! Dreckige Schuhe gehen gar nicht.

- Die Hose sollte genau am Absatz Deiner Schuhe aufschlagen. Ist sie zu lang, wirkt es schlabberig. Ist sie zu kurz, wirkt es, als hättest Du keinen Blick dafür.

- Ein Business-Hemd gehört in die Hose. Ein Polo-Shirt oder ein Freizeithemd ist dazu gemacht, es über der Hose zu tragen. Also ist das in Ordnung. Es gibt ja sogar Politiker, die zu einem Anzug das Hemd heraus hängen lassen. Dies ist in meinen Augen ein unnötiger Ausdruck des „Andersseins“ am falschen Platz. Dasselbe gilt für einen Hemdkragen, der über das Sakko hinaus schießt.

- Mit der Krawatte ist es eine spezielle Sache. Es gibt Menschen, die sich dadurch eingezwängt fühlen. Wenn Du zu diesen Menschen gehörst, lass den Schlips so oft weg wie es geht. Wohlfühlen ist wichtiger als nach Luft schnappen zu müssen. Gepflegtheit, Stil und Eleganz gehen auch ohne Binder. Wenn Du eine Krawatte trägst, dann muss sie sitzen. Nur dann wirkst Du authentisch. Wenn Du Dir nicht sicher bist, wie Du eine

Krawatte binden sollst, schau ruhig einmal bei Youtube vorbei. Dort gibt es gute Anleitungen.

Ein weiterer Aspekt des suboptimalen Auftretens geht über Dein Outfit hinaus. Denke an Deine Kunden. Mit wem hast Du zu tun? Geschäftsführer und Einkäufer bei mittelständischen Unternehmen sind üblicherweise anders gekleidet als Kioskbetreiber oder Besitzer von Schallplattenläden.

Dies bedeutet, dass Deine äußere Erscheinung immer etwas relativ ist. Dem GmbH-Chef sind Deine Turnschuhe vielleicht ein Dorn im Auge, für den Plattenhändler sind sie völlig normal.

Soll das nun heißen, vor jedem neuen Kunden die Schuhe zu wechseln? Sogar das komplette Outfit? Keineswegs. Ich spreche es an, damit Du es im Hinterkopf behalten kannst. Denn es gehört auch zu einer guten Verkaufsvorbereitung, sich in dieser Frage gedanklich mit Deinen Kunden zu beschäftigen.

Zusammengefasst lässt sich für ein erfolgsversprechendes Äußeres feststellen:

- Deine Kleidung ist das Titelbild Deiner Persönlichkeit
- Du musst Dich darin wohlfühlen, sonst wirkt es verkleidet
- Sauberkeit und Gepflegtheit sind unabdingbar
- Halte Dir schon abends vor Augen, welche Kunden Du morgen triffst
- Kein Business-Hemd zum Anzug über der Hose

Wer eine Jogginghose trägt,
hat die Kontrolle über sein Leben verloren.

[Karl Lagerfeld]

1.5. Telefon, Kalender, Ausstrahlung
Was Du für einen Termin brauchst – und was Du wirklich brauchst

Gehen wir davon aus, dass Dein Outfit passt. Deine Haare lassen sich als Frisur bezeichnen. Deine Schuhe sind sauber. Dein Termin ist vereinbart. Was brauchst Du alles, um möglichst gut vorbereitet beim Kunden aufzuschlagen?

Zur Deiner Grundausstattung gehören Dein Smartphone für die Kommunikation und Dein Terminkalender für die Organisation. Wenn Du Deinen Kalender im Smartphone nutzt, ist das nicht schlecht. Dann kannst Du ihn zuhause oder beim Kunden nicht vergessen. Ich persönlich bevorzuge einen klassischen Terminkalender. Dort schreibe ich meine Termine und Notizen mit dem Kugelschreiber hinein. So kann ich sie mir besser merken und bin terminlich noch im Bilde, falls mein Smartphone einmal defekt oder der Akku leer sein sollte.

Visitenkarten gehören für Vertriebler und Außendienstler ebenfalls zur Grundausrüstung. Und natürlich die Dinge, die Dein Produkt repräsentieren bzw. Deine Dienstleistung konkretisieren, z.B. Produktmuster oder eine Präsentation.

Je konkreter Du Deinem Interessenten gegenüber visualisieren kannst, was Dein Angebot beinhaltet, umso größer ist die Wahrscheinlichkeit, dass Dein eigener Hunger geweckt wird, dies auch zu tun. Ja, Du hast richtig gelesen. Je mehr Du Dir selbst darüber im Bilde bist, was Du Tolles zu bieten hast, umso größer ist Dein Wille, Dein Gegenüber zu begeistern.

Ein wichtiger Aspekt ist dabei die Greifbarkeit von Dingen. Wenn Dein Gesprächspartner Dein Angebot buchstäblich greifen kann, also mit seinen Händen, kann er es umso besser be-greifen.

Also einen Vorteil für sich erkennen. Nicht umsonst sprechen wir auch davon, etwas fassen zu können. Dies kommt von Anfassen. Mit den Händen. Ganz konkret. Haptisch. Dann werden alle Sinne Deines Gegenübers geweckt. Nicht nur seine Vernunft. Er ist viel schneller „bei Dir". Du kommst viel schneller „zu ihm". Hat er Dein Produkt gegriffen, hat er Dein Angebot begriffen.

Im Umkehrschluss heißt dies noch nicht, dass Du mit diesen Informationen alles erreichen wirst, was Du willst. Dein Muster oder Deine Präsentation können überzeugend sein. Doch nur, wenn Du es selbst auch bist, hast Du Erfolg.

Wenn Du Dein Angebot genauso überzeugend rüberbringen kannst, wie es ist und Deinem Interessenten einen individuellen Mehrwert vermitteln kannst, ist sein Interesse umso stärker geweckt. Weil Du es schaffst, mit ihm einen gemeinsamen Blick nach vorne zu entwickeln, der ihm gefällt. Nicht vergessen: **DU** bist Dein USP (unique selling point). Nicht Dein Produkt.

Insofern ist Deine Ausstrahlung der wichtigste Bestandteil Deiner Grundausrüstung. Deinen Terminkalender kannst Du einmal zu Hause vergessen haben. Kein Problem. Du kannst dem Interessenten anbieten, dass Du ihn für die weitere Terminabsprache kontaktieren wirst. Dein Telefon kannst Du einmal nicht am Mann haben oder der Akku kann leer sein. Kein Problem. Du kannst ihn morgen noch anrufen. Sogar Dein Muster kann in den Dreck gefallen sein oder Dein Notebook hat sich kurz vor dem Termin auf den Hardware-Friedhof begeben. Du kannst Deine Angebotsinformationen immer noch zeigen.

Das bedeutet also: Du kannst Deinen Kalender vergessen. Du kannst Dein Telefon vergessen. Du kannst Dein Muster vergessen. Du kannst sogar alles auf einmal vergessen. Nur eins darfst Du niemals vergessen: **Dich selbst!**

Was brauchst Du neben Deiner natürlichen Ausstrahlung noch? Ich empfehle, dass Du Dich vor Deinem Termin über Dein Gegenüber informierst? In welcher Branche ist er tätig? Wie ist er unternehmerisch aufgestellt? Wie ist seine Situation?

Im Internet lassen sich darüber Informationen finden. Viele Betriebe haben heute eine Website. Die meisten Menschen haben ein Profil in sozialen Netzwerken. Dort kannst Du vor Deinem Termin schauen, wer Dein Interessent ist und was er macht. Es zeigt ihm, dass Du gut vorbereitet bist und Dich für ihn interessierst.

Es kostet Dich nichts außer ein wenig Zeit, Dich schon in der Vorbereitung mit der Welt Deines Kunden zu beschäftigen. Und jetzt sag nicht, dass Du nicht wüsstest, wie die Welt Deines Kunden aussieht. Kunden sind auch nur Menschen und das bedeutet beispielweise, dass sie gerne verreisen.

Kennst Du z.B. die App namens Skyscanner? Sie ist kostenlos, listet völlig unkompliziert Flüge auf, sucht die günstigsten Flugverbindungen und mit ein paar Klicks hast Du direkt gebucht. Mir ist diese App kürzlich unter die Augen gekommen. Ich habe sie getestet, dann einigen Kunden und Bekannten empfohlen. Alle wussten dies zu schätzen und sind teilweise richtig begeistert davon. Warum sollte es bei Deinem Kunden anders sein?

Mit solchen positiven Hinweise hast Du direkt einen persönlichen Mehrwert für Dein Gegenüber, die noch gar nichts mit Deinem eigentlichen Angebot zu tun haben. Es schadet also nichts, solche Tipps ebenfalls in Deiner täglichen Ausrüstung zu haben.

Nicht vergessen: Das **WIE** ist entscheidend. Dein Auftreten und Deine Ausstrahlung machen es möglich.

Ausstrahlung ist es, wenn ich lache und mich dabei die Augen meines Gegenübers anstrahlen.

[Damaris Wieser]

1.6. Es gibt kein Blamieren

Warum Du Fehler machen musst, um besser werden zu können

Nachdem Du schon einiges darüber gelesen hast, was Du im Vertrieb richtig machen kannst, geht es nun darum, was Du falsch machen musst.

Ja, Du hast richtig gelesen. Da steht „musst". Denn auch wenn Fehler manchmal schmerzhaft sein können, sie lehren uns vor allem darin, wie wir es besser machen können.

Der Umgang mit Fehlern ist meines Erachtens vor allem in Deutschland immer noch mit vielen Tabus behaftet. Scheitern gilt hierzulande als Makel. In den USA ist das ganz anders. Dort wirst Du im Berufsleben von Deinem Arbeitergeber und von Kunden schnell gefragt, wie oft Du schon gescheitert bist. Fällt Dir darauf keine rasche Antwort ein, nimmt Dich niemand ernst. Denn Fehler zu machen gehört zum persönlichen Karriereweg dazu. Wahres Charisma zeigt sich erst im Umgang mit dem Misserfolg oder mit dem Fettnapf, in den Du getreten bist.

Die größten Erfolge entstehen oft genug aus einem vorangegangenen Misserfolg. Es gibt unzählige Beispiele hierfür, wenn Du Dir die Biographien erfolgreicher Leute anschaust. Ob Unternehmer, Vertriebler, Sportler, Künstler – entscheidend ist nicht, in welchem Berufsfeld sich diese Menschen bewegt haben. Entscheidend ist, wie sie es geschafft haben, Fehler zu ihrem eigenen Nutzen zu machen. Entweder, weil sie einfach nicht aufgegeben haben, durch tägliches Training immer besser wurden und dadurch ihr Ziel erreichten. Oder weil sie durch einen Misserfolg auf eine andere Idee kamen, mit der sie dann durchstarteten.

Ein gutes Beispiel hierfür ist der verstorbene Steve Jobs. Nachdem Jobs die Firma Apple gründete, lief es zunächst einige Jahre gut. Dann kam das Unternehmen in Schwierigkeiten und Jobs verließ Apple bzw. „wurde gegangen". Einige Jahre später kam es zur Wiedervereinigung von Apple und Steve Jobs. Den Rest der Geschichte hältst Du in der Hand, wenn Du ein iPhone benutzt. Dieses Produkt, ein Telefon, das weitaus mehr ist als nur ein Telefon, wollte Jobs schon früher entwickeln, bekam dazu jedoch keine Gelegenheit, da Apple andere Probleme hatte.

Also beobachtete er von außen den Markt und entwickelte selbständig seine Idee des heutigen Smartphones weiter. Bis dann der richtige Zeitpunkt kam, um wieder gemeinsam mit Apple die Welt der Kommunikation zu revolutionieren. Steve Jobs hat einmal gesagt: *„Bleib hungrig und kühn."* Das kann ich nur bestätigen.

In meinen zwanzig Jahren als Vertriebler habe ich reihenweise Fehler gemacht. Jeden Tag. Im Großen und im Kleinen. An viele Missgeschicke oder Fettnäpfe kann ich mich gar nicht mehr erinnern. Was mir heute dafür umso klarer ist: Ich musste Fehler machen, um daraus lernen zu können. Manchmal, um Abstand zu gewinnen. Manchmal auch, um es anschließend direkt noch einmal zu versuchen. Immerhin habe ich es damit vom Trainee zum Verkäufer, dann zum Vertriebsleiter und von dort zum Geschäftsführer und Inhaber eines Autohauses gebracht.

Ich habe noch ein weiteres Beispiel für jemanden, der erfolgreich ist, weil er vorher erfolgreich scheiterte: **DICH**. Weißt Du, wie oft Du als Kleinkind hingefallen bist, bevor Du laufen konntest? Hunderte Male! Und was machst Du heute? Du läufst, als ob Du nie etwas anderes gemacht hättest.

Tatsächlich ist das „Erlernen des Laufens" das beste Beispiel für den Umgang mit dem Misserfolg. Bis auf wenige Ausnahmen lernen es die meisten Babys im Krabbelalter auf dieselbe Weise: Sie ziehen sich an etwas hoch und fallen hin. Dann probieren sie es anders und fallen wieder hin. Dann probieren sie es noch einmal und fallen wieder hin. Hören Kleinkinder deshalb auf, Laufen zu lernen? Weil sie dabei Fehler machen? Im Gegenteil. Es spornt sie umso mehr an, es nochmal zu probieren, um anschließend wieder hinzufallen. Im Durchschnitt etwa 2000 Mal. Stell Dir das vor. 2000 Mal hinfallen. Und es dennoch weiter probieren. Das nenne ich Eigenmotivation! Irgendwann schaffen sie es. Weil sie sich gar keine Gedanken darüber machen. Es ist für sie selbstverständlich. Und wenn sie es schließlich geschafft haben, laufen sie einfach los. Ab dann tun sie nichts anderes mehr.

Wenn Du im täglichen Leben mit Interessenten zu tun hast, ist es im Grunde nicht anders. Fehler sind menschlich. Niemand ist perfekt. Und das sollten wir auch nicht erwarten. Weder von uns selbst noch von den Menschen, denen wir täglich begegnen. Auf den Umgang mit Fehlern, darauf kommt es an. Sowohl mit Deinen eigenen, aber auch mit den Fehlern anderer Leute. Letztlich geraten wir immer in Situationen, die unser eigenes Leben widerspiegeln. Natürlich können wir uns über Fehler ärgern. Die Frage ist nur: Was haben wir davon? Es kostet bloß Energie!

Bei meinen Verkaufsseminaren erlebe ich immer wieder Kollegen, die Angst davor haben, Fehler zu machen. Da habe ich mich schon manchmal gefragt, was sie im Vertrieb suchen. Denn machen wir uns nichts vor: In diesem Berufsfeld gehört es dazu, auf andere Menschen zuzugehen und mit ihnen zu kommunizieren.

Interessanterweise blühen diese anfangs zurückhaltenden Teilnehmer immer mehr auf, je weiter sie in die Sache hineinwachsen. Denn sie erkennen, dass ihnen niemand ein Bein ausreißt, wenn ihnen nicht auf Anhieb alles gelingt. Wenn sie dann selbst merken, wie sie immer besser werden, löst sich ihre innere Handbremse schließlich komplett.

Unsere Selbstwahrnehmung kann sich erheblich von der Wahrnehmung anderer Menschen unterscheiden. Das liegt am Kritiker in uns selbst. Vor allem, wenn wir uns selbst mit anderen vergleichen. Dann macht dieser Kritiker schnell eine Kleinigkeit zu einem Riesending, während unsere Außenwelt nicht einmal die Kleinigkeit wahrnimmt. Dann stehen wir uns nur selbst im Weg. Doch dazu besteht nicht der geringste Anlass.

Deshalb: Vergleiche Dich nicht mit anderen Menschen. Du bist Du. Genau das ist Deine Stärke. Du hast Deine Fähigkeiten nicht, um sie zu verstecken. Es gibt kein Blamieren. Fehler sind Deine Freunde. Es ist doch wunderbar, Freunde zu haben!

Fehler sind exzellente Informationsquellen.

[Peter E. Schumacher]

Kapitel 2

Die Kontaktphase

Wusstest Du schon, dass wir in einer Welt der Spiegelneuronen leben?

Spiegelneuronen sind Nervenzellen im menschlichen Gehirn. Sie reagieren auf das, was wir tun, indem sie unser Denken mit den entsprechenden Informationen versorgen. Wenn wir z.B. zu einer Kaffeetasse greifen, landet diese Informationen bei unseren Spiegelneuronen. Sie leiten diese Wahrnehmung direkt in andere Areale unseres Gehirns weiter. Dort wird entschieden, was wir als nächstes tun: Tasse zum Mund. Lippen auf. Eingießen. Schlucken. Tasse wieder absetzen. So interagiert unser Gehirn geradezu in Lichtgeschwindigkeit mit unserem Körper.

Alles, was wir tun, wird von unseren Nervenzellen beeinflusst. Natürlich gibt es neben Spiegelneuronen noch viele weitere Arten von Nervenzellen.

Die Spiegelneuronen spreche ich deshalb explizit an, weil sie für Deinen Kundenkontakt eine wichtigere Rolle spielen. Denn sie verarbeiten nicht nur das, was wir selbst tun. Sie analysieren auch das, was wir bei anderen sehen. Und zwar in derselben Weise. Als ob wir es selbst tun würden, schicken sie diese Informationen in andere Bereiche unseres Gehirns.

Entdeckt und benannt wurden diese Spiegelneuronen Anfang der 1990er Jahre. Damals untersuchten zwei wissenschaftliche Arbeitsgruppen an der Universität Parma die Gehirne von Affen. Im Fokus hatten die Wissenschaftler das sogenannte Areal F5, das für Bewegungsmuster der Hand zuständig ist. Mittels dünner Elektroden im Hirn der Affen konnten die Forscher zeigen: Immer wenn die Tiere mit der Hand eine Nuss ergriffen und zum Mund führten, wurden die Neuronen in Areal F5 aktiv. Insoweit nicht anders, als wenn wir Kaffee trinken.

Warum sollte es auch anders sein!? Schließlich stammen wir Menschen vom Affen ab. Wir haben sogar zu 99,4 Prozent dieselbe Erbsubstanz. Nur 0,6 Prozent trennen uns in der genetischen Struktur von unseren tierischen Vorfahren. In der sogenannten Genexpression, also darin, zu welchen Handlungen unsere Gene uns tatsächlich veranlassen, unterscheiden wir uns erheblich von Affen. Das machte die Frage umso interessanter, wie die Neuronen wohl reagieren würden, wenn die Tiere zwar nicht selbst zu einer Nuss greifen, dafür jemand anderes die Nuss nimmt.

Mit diesem Experiment wurde die Sache wirklich spannend. Denn die Wissenschaftler stellten fest, dass einige dieser Neuronen auch dann aktiv wurden, wenn die Affen nur dabei zusahen, wie ein Mensch zu einer Nuss griff. Das war eine gewaltige Überraschung. Denn es bedeutet: Dieses Areal im Gehirn ist nicht nur ein Schaltkreis für eigene Bewegungsprogramme. Es reagiert auch, wenn andere diese Bewegung ausführen. Beobachten heißt also nicht nur Beobachten, sondern buchstäblich Be-greifen.

Für die tägliche Arbeit mit Deinen Interessenten sind Spiegelneuronen sehr einflussreich. Denn egal, was Du während eines Gesprächs mit Deinem Gegenüber tust, seine Spiegelneuronen bekommen es mit und verarbeiten es so, als ob er es selbst tun würde. Ändern kannst Du dies nicht. Du hast es dafür selbst in der Hand, was Du tust und wie Du es tust.

Dadurch hast Du entscheidenden Einfluss darauf, wie Dein Interessent Dich wahrnimmt. Deshalb kommt es so sehr auf Deine Persönlichkeit an. Denn wer möchte sich schon von den Handlungen einer schwachen oder langweiligen Persönlichkeit beeinflussen lassen? Von einer starken, interessanten Persönlichkeit umso eher. Schließlich stammen wir Menschen vom Affen ab. Das heißt, wir lernen gerne am Modell. Auch wenn dies vielleicht manchmal eine harte Nuss ist.

Es ist wie in der Musik. Du kannst entweder nur Töne aneinander reihen oder Du machst eine Komposition daraus. Mit Deinem eigenen persönlichen Stil aus Know-how, Kreativität, Empathie, Körpersprache und Motivation. Was Du auch tust, die Spiegelneuronen Deines Gegenübers nehmen es wahr.

Deshalb ist meine Empfehlung: Sei Dir selbst das beste Modell. Tue das, was Du gut kannst und wofür Du stehst. Lass Deinem Gegenüber dabei genug Raum für sich selbst. Dann kann er umso besser erkennen, was in ihm steckt und was er gut kann.

2.1. Lachen

Die kürzeste Verbindung zwischen zwei Menschen

Nehmen wir an, Deine Kundentermine sind vereinbart. Bevor Du Deinen Kunden heute die Hand schüttelst, noch eine Frage: Hast Du heute schon gelacht? Wenn nicht, solltest Du schnell nach einem Grund dafür suchen. Denn statt 65 Muskeln für ein ernstes Gesicht brauchen wir nur zehn Muskeln zum Lächeln.

Ist das nicht phantastisch? Ich finde, es zeigt auf plakative Weise, welchen Stress wir uns oft selbst machen. Gehe von Dir selbst aus: Würdest Du Dir lieber mit einem Lächeln im Gesicht begegnen oder mit einem ernsten oder sogar grimmigen Gesichtsausdruck? Niemand kann mit Deinem Gesicht lächeln außer Du selbst. Also solltest Du es tun. Denn wenn Dein Kunde die Wahl hätte, kannst Du Dir sicher sein: Er sieht Dich zur Begrüßung lieber mit einem lächelnden statt mit einem ernsten Gesichtsausdruck. Er hat schließlich auch Spiegelneuronen.

Was hält Dich vom Lächeln ab? Die Sache ist doch die, dass Du Grund zum Lachen hast. Erstens hast Du in Deinem Leben schon viele schöne Sachen erlebt. Zweitens hast Du Ziele. Drittens hast Du Ausstrahlung. Viertens triffst Du Menschen, die gespannt auf Dich sind. Sonst hätten sie etwas anderes vor. Halte Dir den positiven Charakter eines Kundentermins vor Augen. Werde Dir darüber bewusst, dass es Vergnügen machen kann, Kunden zu besuchen, sie zu begeistern, sie mit Deiner Art anzustecken. Dann wird es Dir auch Vergnügen machen. Dann ist Dein Lächeln ganz automatisch und authentisch.

Eine gute Möglichkeit, Dein Lächeln zu verinnerlichen, ist z.B. kurz vor dem Termin, etwa bevor Du aus dem Auto aussteigst. Oder wenn Du vor Ort kurz auf Deinen Kunden warten musst. Füttere Dich zu diesem Zeitpunkt selbst mit positiven Gedanken. Denke an Dein Ziel. Stell Dir vor, wie Du es erreicht hast und tief durchatmest. Oder denk an iPhone-Enthusiasten in ihren Schlafsäcken. Musst Du jetzt lachen? Gut so. Doch denk auch daran, wie gut sich iPhone-Fans fühlen, wenn sie die nächste Generation Smartphone als erstes in der Hand haben.

Lächeln heißt, die Gegenwart zu begrüßen.

[Peter Horton]

2.2. Der erste Eindruck

Wie Du in Sekundenbruchteilen den Kunden für Dich gewinnst – oder in die Flucht schlägst

Bei meinem Verkaufsseminar ***„DU bist das Produkt“*** frage ich die Teilnehmer zu Anfang, wie lange ihrer Ansicht nach der berühmte erste Eindruck dauert: Wieviel Zeit vergeht, bis wir uns eine Meinung über einen Menschen gebildet haben, wenn wir ihn zum ersten Mal treffen?

Zu 99 Prozent höre ich eine Zahl zwischen 3 und 180 Sekunden. Tendenziell sind also alle Teilnehmer der Überzeugung, dass sich der erste Eindruck relativ schnell bildet.

Was glaubst Du? Wie schnell hast Du ein Gefühl für jemanden entwickelt, wenn Du ihn zum ersten Mal triffst? Und was glaubst Du, wie schnell denkt er dies oder das über Dich?

An der Princeton University in den USA wurde dieser Frage im Jahr 2006 nachgegangen. 117 Studienteilnehmern wurden Fotografien von Gesichtern vorgelegt. Die Probanden sollten aus dem Bauch heraus über die Eigenschaften der Personen auf den Bildern entscheiden. Das Ergebnis war eindeutig: Alle Teilnehmer urteilten innerhalb einer Zehntelsekunde über den Menschen, den sie sahen.

Bestätigt wurde dieses Ergebnis in weiterführenden Studien, u.a. an der Universität Uppsala in Schweden. Dort wurde die Untersuchung mit dem sogenannten Eye-Tracking-Verfahren und realen Personen statt Fotos durchgeführt. Hier entstand bei den Studienteilnehmer der erste Eindruck von fremden Menschen sogar noch schneller. In 1/30 Sekunde.

Bei Deinem Treffen mit einem Interessenten hast Du also höchstens einen Wimpernschlag lang Zeit, um ihm zu einer guten Meinung über Dich zu verhelfen. Du bringst ihn – sozusagen – in Lichtgeschwindigkeit zum Leuchten – oder eben nicht.

Wieso geht das so rasend schnell? Grundsätzlich hat es wohl mit der Evolutionsgeschichte des Menschen zu tun. Früher mussten die Menschen schnellstmöglich entscheiden, wenn sie auf einen Fremden trafen. Denn oft genug ging es um Leben und Tod. Dieses Verhalten haben wir wohl aus der Steinzeit in das digitale Zeitalter mitgenommen.

Um Leben oder Tod geht es heute nicht mehr. Dafür um Sympathie oder Antipathie, um Anerkennung oder Ablehnung. Aus diesem Grund ist Dein erster Eindruck so wichtig.

Wenn Du zu einem Interessenten kommst, reagieren seine Spiegelneuronen direkt auf Deine Körpersprache. Sie lesen Dich. Dann reagiert seine Körpersprache auf Dein Verhalten.

Deshalb ist es wesentlich, mit welcher Körpersprache Du auf Deinen Kunden zugehst. Deine Körpersprache bildet neben Deiner Eigenmotivation das entscheidende Fundament, als was für eine Persönlichkeit Dich Dein Kunde wahrnimmt.

Auch wenn dieser Spruch vielleicht etwas abgedroschen scheinen mag, er ist genauso zeitlos wie treffend: Es gibt keine zweite Chance für den ersten Eindruck.

Übrigens bezieht sich der erste Eindruck nicht nur auf Menschen, die Du zum ersten Mal triffst. Auch bei Terminen mit Bestandskunden oder wenn Du Deinen Kunden in einem anderen Zusammenhang kennst, gibt es einen neuen ersten Eindruck. Jedes Mal aufs Neue. Zwar nicht auf Deine Gesamtpersönlichkeit bezogen, dafür auf die

Situation. Immer wieder entscheidet sich in Bruchteilen von Sekunden, wie offen Dein Kunde für Dich ist.

Du kennst dies bereits selbst aus anderen Situationen, in denen Du auf Menschen triffst, ob im privaten oder beruflichen Umfeld. Der erste Eindruck bildet sich unabhängig von Deinem Berufsfeld. Du musst übrigens nicht einmal auf einen Menschen persönlich treffen, damit dieser sich ein erstes Urteil über Dich bildet. Am Telefon passiert es genauso schnell. Denk an den Call-Center-Mitarbeiter, der meinem Bekannten zur Fußball-Bundesliga auf dem Smartphone verholfen hat.

Du kannst zwar manches verkehrt machen. Aber Du kannst eben auch vieles richtig machen. Und damit ist schon viel gewonnen. Dafür lohnt es sich doch, einen guten ersten Eindruck zu machen.

Erste Eindrücke haben oft so etwas Richtiges an sich.

[Robert Musil]

2.3. Erst ankommen, dann reden

Was eine gute Begrüßung ausmacht

Nach dem Was kommen wir zur wichtigeren Frage: **WIE** machst Du konkret einen guten ersten Eindruck?

Hier stellt sich direkt die Frage, wer reicht eigentlich wem die Hand? Dazu gleich mehr. Zunächst stell Dir vor, dass Du in fünf Sekunden Deinen Kunden treffen wirst. Was tust Du?

Richtig, Du freust Dich darüber. Denn gleich bietet sich Dir die Chance für ein gutes Geschäft oder für einen neuen Auftrag. Du bekommst ein weiteres Puzzlestückchen, das Dich Deinem inneren Ziel näher bringt.

Also freu Dich, dann kommt Dein Lächeln auf natürliche Art von innen heraus auf Deine Lippen. Es ist nicht aufgesetzt, nicht künstlich. Es unterstreicht Deine Motivation, wenn Du innerlich den Termin als das betrachtest, was er ist: **Eine Chance!**

Wenn Du magst, sag Dir jetzt noch kurz selbst: *„Heute krieg ich Dich.“* Das ist eine Option, kein Muss. Es ist vor allem auch eine Typ-Frage. Nicht jeder ist der Typ für eine solche situative Selbstmotivation. Aber vielleicht bringt es Dich dazu, Dir selbst eine solchen kurzen Satz auszudenken, den Du Dir vor einem Termin im Kopf selbst sagst.

Je öfter Du diesen eigenen Leitsatz trainierst, desto stärker wird Dein Gefühl dafür, dass es funktioniert. Zunächst innerlich. Anschließend gegenüber den Menschen, auf die Du triffst.

Du kannst aus einem solchen Satz auch ein Mantra machen. So nennen manche Buddhisten ihre Lebensleitlinie. Was sie genau beinhaltet, kannst nur Du selbst festlegen. Denn Du bist auch derjenige, der sie verkörpert. Wenn Du ein gutes Gefühl damit hast, Dich wohl fühlst und authentisch bist, dann werden es Dich die Spiegelneuronen Deines Gegenübers wissen lassen und Du wirst Dich mit einem Lächeln von Deinem Kunden verabschieden. So wie Du zu ihm gekommen bist. Nun gehst Du los. Halt. Wie ist Dein Gang? Aufrecht bitteschön. Schultern nach hinten. Brust raus. Mit dynamischen Schritten, jedoch nicht gehetzt.

Wenn Du Deinen Interessenten siehst, nimm direkt einen freundlichen Blickkontakt mit ihm auf. Auf den nächsten Metern zum Kunden schau ihn an, aber fixiere ihn nicht und sprich ihn noch nicht an. Lächle lieber. Dann kann er neugierig auf das werden, was Du ihm zu sagen hast.

Oder provokativ betrachtet: Nur Anfänger schreien ihr Angebot schon heraus, bevor es jemand wissen will. Profis warten hingegen, bis sie danach gefragt werden.

Nun kommst Du bei Deinem Gesprächspartner an. Wenn Du ihn in Deinem Büro triffst, dann reiche ihm zur Begrüßung die Hand. Wenn Du den Interessenten in seinem Büro bzw. „in seinem Reich" triffst, dann warte, bis er Dir die Hand reicht. Es ist eine Willkommensgeste und in seinem Büro ist Dein Gesprächspartner der Gastgeber. Sobald er Dir die Hand reicht, gib ihm einen festen Händedruck, aber zerquetsche seine Hand nicht. Ganz wichtig: Achte darauf, dass Deine Hände trocken sind. Dann schau Deinem Kunden in die Augen und stell Dich mit klarer Stimme vor. Sag Deinen vollen Namen und den Namen des Unternehmens, für das Du unterwegs bist. Oder falls Du selbständig bist, teile Deinem Kunden Deine Tätigkeit mit.

Nun geht es darum, mit Deinem Gegenüber ins Gespräch zu kommen. Du kannst ihn fragen, wie es ihm geht. Damit machst Du nichts falsch und kannst an seine Antwort anknüpfen. Schätzungsweise hat er *„Wie geht's?"* an diesem Tag aber schon öfter gehört, also wirst

Du Dich von anderen Gesprächspartnern Deines Kunden nicht unterscheiden.

Mein Tipp ist, Deine Einstiegsfrage mit einem persönlichen Charakterzug von Dir zu versehen. Dann macht sie Dich direkt unverwechselbar. Also z.B. nicht *„Wie geht es Ihnen?“*, sondern z.B. *„Was kann ich tun, damit Ihr Tag noch besser wird?“* Dies ist wie gesagt nur ein Beispiel dafür, wie Du Dein Kundengespräch eröffnen kannst. Idealerweise überlegst Du Dir selbst etwas, das zu Dir passt. Hier haben Natürlichkeit und Authentizität gegenüber Coolness eindeutig Vorrang. Wichtig ist, dass Du Dich damit wohlfühlst und Deine persönliche Einstiegsfrage zu Dir passt. Im Zweifelsfall eben *„Wie geht's?“*.

Kommen wir zum nächsten Punkt. Zu Deinem – im wahrsten Sinn des Wortes – Standpunkt. Wie ist Deine Körperhaltung, wenn Du Deinen Kunden begrüßt?

Vielleicht ist Dir schon aufgefallen, dass manche Menschen eine Art Ausfallschritt machen, wenn sie Dir gegenüber stehen. Ein Fuß steht weiter vorne als der andere und der Körper ist leicht zur Seite gedreht. Oftmals ist dabei der Kopf leicht gebeugt oder erhoben. Dies ist nicht besonders nützlich. Dein Interessent möchte lieber einen Vertriebler treffen, der stabil und verlässlich vor ihm steht. Das ist nicht nur sein Recht. Das ist seine Pflicht. Es geht um sein Geld und damit um sein Vertrauen in Dich. Das bedeutet: Schau, dass Deine Füße parallel stehen. Mit den Fußspitzen leicht nach außen gerichtet. Deine Körperhaltung ist aufrecht und frontal auf den Kunden gerichtet. Mit einem Abstand von etwa einer Armlänge. Deine Kopfhaltung ist waagerecht. Dein Blick geht stabil zu Deinem Gesprächspartner. Vermeide abrupte Blickrichtungsänderungen. Du bist keine Laser-Show.

Nun ist noch offen, wann Du Deinen Kunden fragst, ob er eine Visitenkarte von Dir haben möchte. Vor, während oder nach der Begrüßung? Eindeutige Antwort: Gar nicht!

Deine Visitenkarte gibst Du dem Kunden unaufgefordert im Zuge der Begrüßung. Das unterstreicht Dein Selbstbewusstsein sowie die Selbstverständlichkeit, dass eine gute und gewinnbringende Zusammenarbeit im Raum steht. Und zwar für Euch beide.

Nun steht Ihr Euch gegenüber. Dein Kunde hat Dich bereits als einen motivierten, aufgeräumten Menschen mit starker persönlicher Note wahrgenommen. Die Grundlage für ein erfolgreiches Gespräch ist geschaffen.

Für den Ernstfall ist es ratsam, immer eine Reservepackung Humor bei sich zu haben.

[Ernst Ferstl]

2.4. Reden ist gut, Wirken ist besser

Die drei Bestandteile Deiner Ausstrahlung

Während Du vor Deinem Kunden stehst, muss ich noch einmal daran denken, wie meine Mutter mich geprägt hat: **„Es ist egal, was Du sagst. Es kommt darauf an, WIE Du es sagst."**

Es gibt drei wesentliche Bestandteile der Kommunikation, die Dein Auftreten bzw. Deine Ausstrahlung bestimmen:

Worte/Inhalt

Dieser Teil der Kommunikation betrifft rein das, was Du sagst. Also alle Informationen, die Du jemandem gibst, alle Fragen, die Du stellst usw. Hier geht es ausschließlich um die sachliche, fachliche und inhaltliche Ebene.

Tonalität

Hier kommen wir auf die emotionale Ebene der Wahrnehmung. Es geht darum, **WIE** Du etwas sagst. Die Tonalität wird durch den Klang und durch die Geschwindigkeit Deiner Stimme geprägt. Dazu gehört auch, wie Du Aussagen und Wörter betonst.

Halte Dir dafür z.B. einmal mein Begrüßungsbeispiel vor Augen. Wie klingt wohl *„Wie kann ich Ihren Tag noch besser machen?"* mit einer entspannten Stimme im Gegensatz zu einer angestrengten Stimme?

Auch wenn es hart klingt, wenn Du eine solche Frage mit gehetzter Stimme stellst, distanziert sich Dein Gegenüber sofort von Dir, weil er spürt, dass Du nicht ganz bei Dir bist. Du spielst etwas, aber Du bist es nicht. Deshalb achte darauf, dass Deine Tonalität bis zu einem gewissen Grad stets Deiner eigenen Gefühlslage entspricht. Es ist immer besser, wenn Dein Gegenüber Dich als authentisch wahrnimmt.

Zur Tonalität gehören auch ... ja, richtig ... Pausen. Eine kurze Pause in Deiner Fragestellung oder in Deiner Argumentation gibt Deinem Gesprächspartner nicht nur Luft zum Atmen. Es vermittelt ihm auch, dass Du es nicht nötig hast, zu hetzen.

Seine Spiegelneuronen können Dich dann umso mehr als aufgeräumte, selbstbewusste Persönlichkeit begreifen.

Hier noch einmal kurz zusammengefasst, woraus u.a. Deine Tonalität besteht:

- Stimme
- Betonung
- Sprachgeschwindigkeit
- Sprachmelodie
- Sprechpausen
- Dialekt/Akzent
- Lautstärke

Körpersprache

Um es plakativ zu beschreiben, besteht Deine Körpersprache aus allem, was sich an Dir bewegt. Dazu gehört auch Dein Stand bzw. Standpunkt, denn dort musst Du erst einmal ankommen und von dort musst Du Dich auch wieder weg bewegen. Den größten Einfluss darauf, wie Dein Kunde Dich wahrnimmt, hat Dein sogenannter positiver Gestenbereich. Dies ist der Bereich oberhalb Deiner Gürtellinie, z.B. Deine Arme und Hände. Dein Gegenüber mag vielleicht nicht immer bewusst auf Deinen positiven Gestenbereich achten, wenn Ihr miteinander sprecht. Seine Spiegelneuronen verarbeiten dafür unaufhörlich, **WIE** Du etwas sagst. Nicht nur mit Deiner Stimme, sondern auch mit Deinen Gesten. Deshalb heißt es auch: Körper-Sprache.

Wenn Du Deine Arme nicht bewegst, sollten sich Deine Hände mit den Innenflächen parallel zum Körper befinden. Und zwar so locker wie möglich. Sind Deine Hände verspannt, schlägt sich das auf Deine gesamte Haltung nieder. Bewegst Du Deine Arme, um beispielsweise dem Kunden gegenüber ein Argument gestisch zu unterstützen, dann bewege Deine Hände ruhig und gleichzeitig. Dasselbe gilt für Deine Arme. Fuchteln bringt Dich nicht weiter. Ruhige, natürliche, einladende Gesten bringen Dich weiter.

Bist Du während des Kundengesprächs zu sehr auf Deine Haltung fixiert, geht Deine Natürlichkeit verloren. Das merkt der Kunde. Achte auf solche Dinge lieber, wenn Du z.B. vom Parkhaus auf dem Weg zum Kunden bist, er Dich aber noch nicht sieht. Ansonsten kannst Du Deinen positiven Gestenbereich in Gesprächen mit Kollegen, mit Freunden oder mit Deinem Partner trainieren. Du brauchst es ihnen gar nicht explizit mitteilen. Mach es einfach für Dich. Du wirst sehen, Deine Körperhaltung wird sich optimieren. Und sag nicht, sie sei schon perfekt. Es geht immer noch besser.

Prinzipiell gilt: Je mehr sich Deine Gestik „auf Augenhöhe" mit der Gestik Deines Kunden befindet, umso ausgeglichener wird Dein Gespräch verlaufen. Je lockerer (nicht schlabbrig!) Du rüberkommst, umso größer sind Deine Erfolgschancen.

Der zweite wesentliche Bestandteil Deiner Körpersprache ist Deine Mimik. Was sich in Deinem Gesicht abspielt, ist das Profil Deiner Persönlichkeit. Daran wird der Kunde Dich messen.

Wie eine bestimmte Mimik ankommt, kannst Du an Dir selbst beobachten, wenn Du in das Gesicht anderer Menschen schaust. Auf einen offenen, überzeugten Blick werden Du und Deine Spiegelneuronen wahrscheinlich positiver reagieren als wenn Dich jemand misstrauisch oder fordernd beäugt. Vielleicht kennst Du es auch, wenn Dich jemand mit offenen Augen anschaut, Du jedoch das Gefühl hast, dort ist niemand zu Hause.

Zu einer positiven Mimik gehört unbedingt ein offener, herzlicher Blickkontakt in Richtung Deines Gesprächspartners. Du brauchst ihm nicht fortwährend in die Augen zu schauen. Das wirkt eher fordernd und kontraproduktiv. Gib ihm lieber zwischendurch Zeit, Deinen Blick zu verarbeiten. Oder anders gesagt: Schau Deinem Kunden in die Augen. Nicht immer. Aber immer wieder.

Die Körpersprache ist zwar stumm,
aber vielsagend.

[Helmut Glaßl]

2.5. Schön, dass ich da bin

Wie Du mit Deiner Körpersprache authentisch bleibst

Wenn Du Dir die drei verschiedenen Bestandteile Deiner Ausstrahlung noch einmal vor Augen hältst – welcher Bereich hat Deiner Meinung nach den größten Einfluss darauf, wie Dein Gegenüber Dich wahrnimmt? Was glaubst Du? Der Inhalt Deiner Worte oder ihre Betonung? Die Sprachgeschwindigkeit? Dein positiver Gestenbereich?

Nachdem Du hier schon gelesen hast, was mir meine Mutter mit auf den Weg gegeben hat, kannst Du Dir denken, dass es auf den Inhalt Deiner Worte nicht so sehr ankommt.

Zu 55 Prozent ist Deine Körpersprache maßgeblich für dieses Wie. 38 Prozent machen Deine Tonalität aus. Der Inhalt Deiner Worte bestimmt Deine Ausstrahlung nur zu 7 Prozent.

Form der Kommunikation

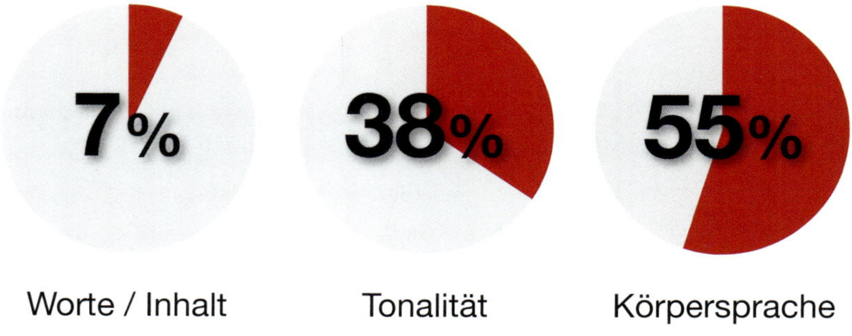

Für Deinen Kundenkontakt bedeutet dies vor allem, dass Dein Kunde merkt, inwieweit Deine Kommunikation in ihrem Zusammenspiel authentisch und verlässlich ist.

Möglicherweise merkt er es nicht bewusst, denn – wie gesagt – nur sieben Prozent von dem, was Du sagst, macht seine Wahrnehmung aus. Sagst Du ihm jedoch z.B., dass Du sehr gerne wieder kommst, um ihm dasselbe Angebot noch einmal zu machen, und Dein Körper weicht in diesem Moment vor Deinem Kunden zurück, stimmen Deine Worte nicht mit Deiner Körpersprache überein.

Die Spiegelneuronen Deines Gegenübers merken diesen Unterschied und senden seinem Gehirn entsprechende Signale. Die Folge wird eine gewisse Form der Irritation sein. Wenn auch vielleicht nicht in eurer bewussten Kommunikation.

Innerlich hat sich der Kunde in dieser Gesprächssituation bereits von Dir abgewendet. Alles, was Du noch sagst, wird nutzlos sein. Je mehr Du die Situation zu retten und Dich Deinem Ziel – die Unterschrift des Kunden – zu nähern versuchst, desto weiter wird es sich entfernen. An diesem Tag, in diesem Moment hat Dein Kunde kein Vertrauen mehr in Dein Auftreten.

Manche Verkäufer kommen in einem Raum und erhellen ihn. Andere, wenn sie ihn verlassen. In diesem Fall hast Du zu den anderen gehört. Was soll's, das ist jedem Verkäufer schon passiert. Es sollte Dich nicht nachhaltig beeindrucken. Im Gegenteil. Nächstes Mal heißt es dann eben: *„Jetzt erst recht."*

Du bist aller Wahrscheinlichkeit nach auch nicht als Kind beim ersten Aufstehversuch direkt los gerannt. Lernen und Besserwerden, das ist es doch, was das Leben interessant macht.

Die Kommunikation zu optimieren, Worte, Tonalität und Körpersprache in Einklang zu bringen, darum geht es bei dieser Art des Besserwerdens. Damit Dein Auftreten möglichst stimmig wird, empfehle ich zwei Methoden zur Optimierung:

1. **Denke vorher darüber nach**, wie Dein Kunde auf bestimmte Themen oder Aspekte reagieren könnte. Wie reagierst Du auf die verschiedenen Möglichkeiten? Diese Varianten im Kopf durchzuspielen, programmiert Dich entsprechend. Damit wird die Wahrscheinlichkeit größer, dass Deine Kommunikation authentisch ist. Denn sie kommt von innen, also aus Dir selbst heraus.

2. **Trainiere solche Situationen** mit Deinem Partner oder mit einem Freund. Dann trainierst Du nicht nur Dein Denken, sondern auch Dein Handeln in Form Deiner Körpersprache. Wenn Du ein direktes Feedback Deines Gegenübers bekommst, wird Deine Kommunikation noch stimmiger und Du bist vorbereitet, wenn es beim Käufer/Verkauf wirklich drauf ankommt. Es geht dabei nicht darum, eine Rolle zu spielen. Es geht um Dein eigenes Auftreten. Nicht um das Auftreten einer fremden Figur. Wenn Du Dir unsicher bist, dies mit vertrauten Menschen zu üben, empfehle ich mein Verkaufsseminar. Dort haben schon viele Kollegen ihre kommunikativen Stärken neu bzw. wiederentdeckt.

Du siehst, zum Thema Kommunikation und Körpersprache gibt es viel zu entdecken. Sowohl bei Dir selbst als auch bei anderen. Achte einmal darauf, wenn Du selbst Kunde bist, wie Dir andere Verkäufer begegnen. Wie treten sie auf? Ist Ihre Kommunikation und Körpersprache stimmig? Wenn nicht, woran liegt es?

Die Beobachtung in Deiner persönlichen Umgebung ist eine gute

Gelegenheit, Deine Körpersprache zu verbessern. Außerdem bietet es Dir die Möglichkeit, eine positive Körpersprache zu behalten, wenn es einmal nicht so optimal läuft.

Denn es ist vielleicht hart, aber wahr: Schwache Verkäufer geben den Umständen die Schuld für ihre schwache Körpersprache. Aufgeräumte und motivierte Vertriebler behalten ihre starke Körpersprache auch in schwierigen Situationen.

Körpersprache: Wer seine beherrscht und die des anderen versteht, der beherrscht den anderen.

[Nico Szaba]

Kapitel 3

Die Gesprächseröffnung

Nun bist Du bei Deinem Gesprächspartner angelangt.

Ich hoffe, Du bist ein wenig aufgeregt. Diese Art der Aufgeregtheit spricht für Deine Motivation und für eine gesunde Art der Lebendigkeit. Sie ist für den Kundenkontakt nicht nur erlaubt, sondern nützlich. Denn sie macht Dich wach und agil.

Neulich ist mir dazu der berühmte Schweizer Clown Grock eingefallen. Grock wurde am 10. Januar 1880 geboren, hieß mit bürgerlichem Namen Charles Adrien Wettach und war einer der berühmtesten Clowns der Welt.

Warum ich Grock hier erwähne? Sind Vertriebler etwa Clowns? Nein, aber hättest Du etwas dagegen, zu einem der am bestbezahltesten Entertainer Deiner Zeit zu gehören? Das war Grock nämlich auch!

Kurz bevor er am 14. Juli 1959 starb und ein sehr hohes Vermögen hinterließ, sprach Grock in einem seiner letzten Interviews über sein Erfolgsrezept: Noch in hohem Alter schaute er vor jedem Auftritt kurz durch den Vorhang zum Publikum. Dann schloss er den Vorhang wieder und hielt sich vor Augen, dass diese Leute nur aus einem einzigen Grund da waren: wegen ihm!

Darüber freute er sich jedes Mal aufs Neue, vor jedem einzelnen von wahrscheinlich zehntausenden von Auftritten. Das machte ihn erfolgreich. Seine Freude an dem, was er tat und über sein Publikum, also seine Kunden. Dafür gab er ihnen immer wieder gerne Grund, sich über ihn zu freuen.

Also, lieber Leser, zieh kurz Deinen inneren Vorhang auf. Da ist **DEIN** Interessent. Vorhang wieder zu. Gib Deinem Gegenüber Grund, sich über Dich zu freuen. Über Dich persönlich. Über Deine Art. Dann gibt er Dir umso mehr Grund, Dich über ihn zu freuen. Sind wir nicht alle ein bisschen Grock!?

3.1. Die Insel des Kunden

Wie es gelingt, Deinen Interessenten auf emotionaler Ebene zu öffnen

Jedes gute Kundengespräch beginnt mit der Eröffnung. Gehen wir davon aus, Du stehst mit einer motivierter Einstellung, einer positiven Körperhaltung und mit Deinem authentischen Lächeln Deinem Gesprächspartner gegenüber.

Mit dem körperlichen Abstand einer Armlänge geht es nun für Dich darum – wie ich es nenne – auf die **„Insel"** des Kunden zu kommen.

Diese **„Insel"** ist die emotionale Ebene Deines Gegenübers, auf der seine Gefühle für Dich offen sind. Wie stellst Du nun eine persönliche Beziehung zu Deinem Kunden her?

Wie im vorigen Kapitel schon angedeutet, ist ein individueller Bezug zu Deinem Kunden die halbe Miete für seine **„Insel"**. Sagst Du ihm direkt, Du hättest ein tolles Angebot für ihn, erreichst Du nichts. Mit Empathie, Persönlichkeit und Humor umso mehr.

Alles, was Deinen Kunden persönlich betrifft, kann nützlich sein. Ein lockerer Spruch zu einem aktuellen Thema, ein wohlmeinender Kommentar zu seiner Branche, eine Beobachtung, die Du gerade gemacht hast – alles ist gut, was ihn persönlich betrifft und gleichzeitig Dich selbst widerspiegelt.

Wie Du Deinen Einstieg zum Kunden gestaltest, hat viel mit Deiner Persönlichkeit zu tun. Was den einen Außendienstler gut charakterisiert, wirkt beim anderen vielleicht künstlich, weil er nicht der Typ dafür ist. Wenn Du Dich selbst gerne auf Deinem Smartphone über das Tagesgeschehen informierst, dann wähle z.B. ein aktuelles Thema zur Gesprächseröffnung. Wenn Du Dich lieber vor Ort beim Kunden eine

Minute lang umschaust, dann mach es auf diese Art, indem Du ihn auf etwas ansprichst, was Dir auffällt. Oder schau vorher kurz im Internet auf seine Website oder auf sein Profil in sozialen Netzwerken. Auch das zeigt Deinem Kunden, dass es Dir um ihn persönlich geht.

Stell Dir vor, Du bist selbst Kunde. Wie müsste Dein Gegenüber Dich fragen, damit er Deine emotionale Ebene erreicht. *„Sind Sie mit Ihrer Situation zufrieden?“* oder *„Möchten Sie gerne mehr Umsatz machen?“* Die Antworten auf solche Fragen lauten in der Regel *„Ja“* oder *„Nein“*. Deshalb heißen sie geschlossene Fragen. Sie bringen Dich in der Gesprächseröffnung nur zäh voran. Oder würden Dich solche Fragen dazu bringen, dem Verkäufer direkt Deine Bedürfnisse mitzuteilen? Ich schätze nicht.

Umgekehrt kannst Du in dieser Anfangsphase Deines Gesprächs sogar davon ausgehen: Beim dritten *„Nein“* Deines Interessenten auf eine geschlossene Frage nimmt sein Interesse ab statt zu. Dann ist das Gespräch bereits gelaufen. Anders sieht es mit offenen Fragen, den sogenannten W-Fragen, aus. Sie beginnen mit Was, Wie, Wann, Wo, Weshalb, Warum. Sie signalisieren Deinem Gesprächspartner Dein Interesse an ihm und wirken direkt sympathiefördernd. Auf offene Frage muss bzw. darf Dein Gegenüber konkreter antworten. Dies gibt Dir die Möglichkeit, persönliche Aspekte herauszufiltern und darauf einzugehen. Umso eher erreichst Du die emotionale Ebene Deines Gesprächspartners.

Wichtig ist, dass Du aufmerksam bist, wenn Du dem Kunden zuhörst. Deine Aufmerksamkeit zeigt sich z.B. so:

1. **Das Lesen der Körpersprache des Kunden** durch Deine eigene Körpersprache, z.B. indem Du bestätigend leicht mit Deinem Kopf nickst. Dies bedeutet nicht, dass Du seiner Meinung sein sollst. Es gibt ihm vielmehr das Gefühl, dass Du aufmerksam zuhörst.

2. **Blickkontakt** zeigt Deinem Kunden, dass Du „bei ihm" bist. Hier solltest Du darauf achten, dass Du ihn nicht unentwegt anstarrst. Auf der anderen Seite empfehle ich, hektisch wechselnde Blickrichtungen zu vermeiden. Das kann den Kunden nervös machen. Schaue lieber kurz „in Dich hinein". Es kann auch sein, dass Deine Körpersprache dies von alleine tut. Das ist nicht schlimm. Im Gegenteil. Es bedeutet, dass Dein und sein Unterbewusstsein gut miteinander können, wenn er weiter erzählt. Dann bist Du bereits auf der **Insel** des Kunden. In Sachen Blickkontakt gilt es also für Dich, das richtige Maß an Augenkontakt und „interessiertem Wegschauen" zu entwickeln. Wichtig ist, dass Du authentisch bist.

3. **Hinterfrage die Äußerungen Deines Kunden**. Nein, nicht nur Dir selbst gegenüber, sondern gegenüber Deines Kunden. Spricht er ein Thema an, wozu Du eine eigene Erfahrung hast, bring dies ruhig in das Gespräch ein und stelle ihm mit einem Bezug darauf eine W-Frage. Z.B. *„Das ist mir auch mal passiert und hat bewirkt, dass,.... Wie gehen Sie damit um?"* Mit dem Hinterfragen merkt der Kunde, dass Du sein Anliegen ernst nimmst. Du bekommst gleichzeitig weitere persönliche und inhaltliche Ansatzpunkte, auf die Du Deine folgende Bedarfsanalyse ausrichten kannst.

Zusammengefasst hier noch einmal die wichtigsten Aspekte, um auf die „emotionale Insel“ des Kunden zu kommen:

- Mit einer positiven Einstellung ins Gespräch gehen
- Dein Kunde ist eine Chance und keine Katastrophe
- Ein Lächeln auf den Lippen ist Deine Eintrittskarte
- Trockene Begrüßungshand, saubere Bekleidung
- Positive Körpersprache und – haltung
- Persönliches Einstiegsthema zum Start
- Aktives Zuhören durch Blickkontakt
- Interesse zeigen durch Deine Mimik
- Hinterfragen persönlicher Aspekte des Kunden

Empathie ist Öl im Getriebe des Dialogs.

[Michael Jung]

3.2. Sprich „*kundisch*“

Warum es wichtig ist, die Sprache des Kunden zu sprechen, damit er Dich versteht

Ein weiterer wichtiger Punkt in Deinem beruflichen Alltag ist die Frage, wie Du sprachlich auf die Menschen zugehst.

Stell Dir Deinen Kundenkontakt wie die Reise auf eine fremde **Insel** vor. Es ist die **„emotionale Insel“** Deines Gegenübers. Dort lebt er in seiner eigenen Welt, in seinem **„Kundiversum“**. Er hat einen anderen sozialen und beruflichen Hintergrund. Er hat seine eigenen Dinge im Kopf. Nicht Deine. Er verbringt seine Freizeit auf seine eigene Weise und hat seine eigene Lebensgeschichte, die ihn dazu bringt, die Welt auf seine eigene Weise zu betrachten. Deshalb kannst Du nicht davon ausgehen, dass Dein Gegenüber Dich versteht. Er kann Dich nur so nehmen wie Du bist und dasselbe gilt auch für Dich in Bezug auf ihn. Wenn wir einen fremden Menschen treffen, wissen wir nie, was ihn zu dem gemacht hat, was er ist. Dinge, die für Dich selbstverständlich sind, können für ihn völlig fremd sein – und umgekehrt. Er spricht seine eigene Sprache. Diese Sprache nennt sich **„kundisch“**.

Angenommen, Du kommst zu einem Tankstellenpächter, den Du als Kunden gewinnen willst. Der Mann ist von einfachem Gemüt. Fremdwörter sind für ihn ein Greuel. Englisch spricht er nicht. Diese ganzen Begriffe in der Werbung sind für ihn sowieso nur Kokolores. Dann triffst Du ihn. Deine Körperhaltung passt, Du hast ein Lächeln im Gesicht, Du gehst auf ihn zu, schaust ihm in die Augen und sagst zunächst nichts, bis Du vor ihm stehst. Bis dahin alles richtig gemacht. Er reicht Dir die Hand, Du gibst ihm Deine Hand und stellst Dich vor: *„Hallo Herr Tankstellenpächter, ich bin Klaus Mustervertriebler, Executive Key-Account Manager im Sales Department beim internationalen Food-Konzern XY, ich habe ein fantastisches All-In-One-Angebot für Sie.“*

Ich wette, er hört den Namen Deines Unternehmens nicht mehr. Innerlich hat er sich schon abgewendet. Spätestens bei „Manager“. Weil er sich nicht dafür interessiert, welche englische Jobbezeichnung Du Dein eigen nennst. Er empfindet es als unnötig. Wenn nicht sogar als abgehoben. Sprich einfach **„kundisch“** mit Deinem Kunden. Nicht „account-managerisch“.

„Kundisch“ ist Deine große Chance. Interessiere Dich für Dein Gegenüber. Bringe zunächst ihn ins Spiel, bevor Du Dich ins Spiel bringst. Beschäftige Dich mit den Dingen, die ihn beschäftigen. Zeig ihm Deine Neugier. Wo kommt er her? Was macht ihn aus? Was macht ihn an? Was hat er vor?

Bestimmt hat er einiges zu erzählen. Jeder Mensch hat was zu erzählen. Er wird es jedoch nur tun, wenn er sich von Dir wertgeschätzt fühlt. Wenn Du ihn ernst nimmst. Wenn Du auf ihn eingehst und vielleicht eine eigene Erfahrung zu seinen Äußerungen beiträgst. Dann entsteht ein persönlicher Bezug zwischen Euch. Das ist Deine Chance, um diesen Interessenten für Dein Angebot zu gewinnen.

Abgesehen vom rein beruflichen Aspekt betrachte diese Situation einfach als Mensch. Nicht als Verkäufer. Nicht als Vertriebler. Nicht als Außendienstler. Nicht als Call-Center-Agent. Als der, der Du bist, wenn Du nach Feierabend die Türe hinter Dir zumachst. Du hörst andere Meinungen. Du erfährst Neuigkeiten. Du bekommst vielleicht neue Denkanstöße. Denn Du kannst in diesem Moment die Welt mit anderen Augen sehen. Aus der Perspektive eines Menschen, den Du vielleicht sonst nie treffen würdest. Vom persönlichen Bezug zu Deinem Gegenüber kannst Du nur profitieren. Als Privatmensch und als Berufstätiger.

Zum **„Kundiversum“** gehört übrigens noch mehr. Wie Du weißt, hat jede Branche in gewissem Sinn ihren eigenen Dialekt. Deshalb kann es nützlich sein, sich mit der Branche des Kunden und deren Eigenheiten ein wenig zu beschäftigen und in Deine Kommunikation mit einfließen zu lassen.

Hier gilt es, wache Augen und Ohren zu entwickeln. Ein Tankstellenpächter hat mit anderen Dingen zu tun als ein Museumsdirektor. Dafür brauchst Du weder einen Universitätsabschluss für das Museum noch musst Du auf einer Bohrinsel arbeiten, wenn Dein Interessent eine Tankstelle hat. Es sollte reichen, wenn Du weißt, welche Ausstellung gerade im Museum läuft oder Du ein wenig Interesse über die schwankenden Spritpreise mitbringst. Dann nehmen Dich Deine Interessenten als jemanden wahr, der sich nicht nur mit seinem eigenen Film beschäftigt und zeigen sich offener.

Eine gute Möglichkeit, **„kundische“** Dialekte zu lernen, bietet z.B. das Internet. Gib bei einer Suchmaschine Begriffe ein, von denen Du denkst, dass sie für die Branche Deines Kunden wichtig sind. Oder frag Deinen Kunden einfach, welche Neuigkeiten es gibt und welche Auswirkungen dies auf seinen Aktionsbereich hat. Schon zeigst Du Dich interessiert an seiner **„Insel“** und Dein Weg dorthin wird leichter sein.

Als schönen Nebeneffekt lernst Du ein wenig mehr **„kundisch“** für euer nächstes Treffen. Dann etwas aufzugreifen, über das Ihr das letzte Mal gesprochen habt, zeugt von großem Einfühlvermögen. Du wirst ein Lächeln in seinem Gesicht sehen. Und mal ehrlich: Wäre es umgekehrt nicht genauso?

Je verständlicher, desto besser.

[Leo Tolstoi]

3.3. Man-fred muss draußen bleiben

Warum Du nie das Wörtchen „man" verwenden solltest

Nun kommen wir zu jemandem, der im Vertrieb keinen Zutritt genießen sollte: *Man-fred*.

Wenn bei meinen Verkaufsseminaren die Teilnehmer über sich und ihre Arbeit erzählen, höre ich oftmals das Wörtchen „man". Also z.B.: *„Man fährt morgens raus zum Kunden und hofft, dass es heute gelingt, ihn zu überzeugen"*. Oder: *„Klar freut man sich über den Kunden, am liebsten, wenn er unterschreibt"*. Dann frage ich immer: *„Wer fährt raus zum Kunden? Wer freut sich über ihn? Wer ist ‚man'?"*

Wenn Du gerne das Wörtchen „man" verwendest, ist das ein klares Zeichen, dass Du Dich von Dir selbst distanzierst. Zumindest in dem Zusammenhang, wo Du „man" verwendest. Du überträgst Deine eigene Herausforderung auf jemand, den Du Dir wünscht, doch den es nicht gibt: *Man-fred*.

Was ist denn das – auf gut deutsch – für eine Einstellung, diesen *Man-fred* zum Kunden fahren zu lassen? Es sind Deine Herausforderungen. Es sind Deine Produkte. Es ist Deine Dienstleistung. Es sind Deine Termine. Es sind Deine Interessenten, die Du triffst.

Gehe von Dir selbst aus. Spricht mit Dir jemand über sich selbst, über seine Erfahrungen und über seine Pläne in der Man-Form, kaufst Du ihm das ab? Dass er in diesem Moment wirklich komplett „bei sich" ist? Oder stimmt da etwas nicht? Will dieser Mensch vielleicht sehr viel mehr als er bereit ist, dafür zu tun? Oder ist er vielleicht einfach nicht wirklich zufrieden mit sich? Was sollen Deine Gesprächspartner von Dir denken, wenn Du innerlich jemanden anderen zu ihnen schickst? Du willst doch auch den Erfolg genießen, für den Du Dich vorher ins Zeug gelegt hast. Da lohnt es sich doch, zu Dir zu stehen. Das macht Dich nicht nur authentisch. Es macht Dich umso interessanter, weil Dein Gegenüber merkt, dass Du bei Dir bist.

DU bist Dein Produkt. *Nicht Man-fred.*

Im Kern der Dinge ist es eine Frage Deiner inneren Einstellung. Wer ist „man"? Es sind immer die anderen. „Man" beschreibt das, was Du selbst nicht willst. Bleib lieber bei Dir selbst. Sprich in der Ich-Form. Dann merkt Dein Gegenüber, dass Du zu Dir stehst, auch wenn es einmal keine großartige Nachrichten sind, die Du zu verkünden hast. Es macht Dich dafür authentisch.

Bei meinen Seminaren zähle ich hin und wieder, wie oft ein Teilnehmer in der Man-Form spricht. Meistens ist er selbst davon überrascht, wie oft er *Man-fred* für sich sprechen lässt. Es ist ihm gar nicht bewusst. Es hat sich einfach verselbstständigt. Das ist zwar eine Erklärung, aber gewiss keine Erleichterung, wenn er in seinem Berufsleben täglich mit verschiedenen Menschen zu tun hat. Denn sie merken es, dass er sich von seinen eigenen Erfahrungen distanziert. Dann muss er umso mehr Boden gut machen, um die emotionale Ebene eines Kunden zu erreichen. Die Erleichterung besteht darin, dass Du das, was Du machst, aus Deiner eigenen Perspektive kommunizierst. Damit erreichst **DU** die **„Insel"** des Kunden. Nicht „man". *Man-fred* muss draußen bleiben. Und da gehört er auch hin. Übrigens hat *Man-fred* noch einige Verwandte, die Du in Deinem täglichen Berufsleben ebenfalls nicht brauchst. Es sind die Wendungen „eigentlich" und „ehrlich gesagt" (bist Du ansonsten unehrlich?). Sie lenken nur vom Wesentlichen ab: **Dir selbst.**

Gelassenheit ruht auf Selbstvertrauen –
und das wächst aus Anerkennung und Erfolgen.

[Else Pannek]

3.4. Da oben wird nichts verkauft

Warum Du als Schöngeist nichts erreichst, dafür mit Klartext umso mehr

Ein weiterer wichtiger Punkt im Umgang mit Deinen Gesprächspartnern ist ein Dialekt, den noch keiner so benannt hat, den aber jeder kennt: Klartext.

Nehmen wir an, Du bist bei einem Kunden. Ihr steht Euch gegenüber. Deine Körperhaltung ist gut. Dein Angebot für ihn ist noch besser. Doch nur wenige Minuten später bist Du in Richtung Deines Autos unterwegs. Du lässt Deine Schultern hängen. Du schlürfst über die Straße anstatt stolz zu schreiten wie Du es tun würdest, wenn Du gerade diesen Auftrag bekommen hattest.

Was ist passiert? Wie konnte das schief gehen? Es war doch perfekt geplant. Hast Du den Kunden beleidigt? Nein, hast Du nicht. Zumindest nicht direkt. Du hast nur leider nichts dafür getan, damit der Kunde über Deinen Plan informiert ist. Du hast ihn für Dich behalten. Du warst verkopft. Du standest beim Kunden, ohne seine **„Insel"** zu erreichen, weil Du viel zu sehr mit Deinen eigenen Gedanken beschäftigt warst anstatt zu handeln und mit Deinem Kunden zu sprechen – und zwar Klartext.

Du hast um die Dinge herum geredet, hier und da etwas philosophiert, während Dich der Kunde fragend angeschaut hat. Schließlich hat er Dir gesagt, dass er sich nun anderen wichtigen Dingen zuwenden müsste. Du könntest ja noch einmal vorbei kommen, wenn Du wieder gelandet seist. Du hast dies gar nicht wirklich mitbekommen, denn in diesem Moment warst Du schon dabei, in Deinem eigenen Gedankensaft unterzugehen.

Jetzt auf der Straße wird Dir alles klar. Du warst viel zu verkopft und abgehoben. Dein Kopf wurde gleichzeitig schwerer und schwerer. Deshalb hängen nun Deine Schultern. Wieso sollen sie auch einen derart schweren Kopf tragen können.Ja, das ist keine schöne Situation. Deshalb heißt es nun: Aufwachen, es ist nur ein Albtraum!

Anhand dieses Albtraumbeispiels siehst Du dafür umso besser, wie es laufen kann, wenn Du Deine Kommunikationsfähigkeit nicht auf die **„Insel“** des Kunden bringen kannst. Denn glaub mir, solche Alpträume passieren tatsächlich. Jeden Tag. Auch in Deiner Stadt läuft heute ein Kollege enttäuscht zu seinem Auto, weil „da oben“, also nur in seinem Kopf, nichts verkauft wird. Natürlich sind nicht alle, die im Handel arbeiten, aus demselben Holz geschnitzt. Es gibt z.B. echte Kommunikationskanonen und scharfe Beobachter. Beide Charaktertypen sind zahlreich zu finden. Die einen überzeugen durch ihre Begeisterungsfähigkeit. Die anderen bestechen durch ihre Empathie.

Welcher Typ Du auch bist, verharre nicht in Dir. Gib Deinen Gedanken das Ventil, das sie brauchen. Dann ist nicht nur Dein Kunde glücklich, sondern vor allem Du selbst. Was sollen Deine Talente nur in Deinem Kopf? Da ist es viel zu eng für sie. Sie brauchen Auslauf. Sie sind wie ein Schlittenhund, den Du in einem kleinen Zimmer hältst. Sie wollen raus, wollen rennen, zur **„Insel“** des Kunden, damit Deine Schultern nicht so eine schwere Last haben, wenn Du wieder zu Deinem Auto gehst.

Dein Kunde **WILL** doch, dass Du mit ihm sprichst. So klar und deutlich wie möglich. Mit Klartext machst Du absolut nichts falsch. Und vergiss nicht: Es gibt kein Blamieren!

Selbstvertrauen und Wagemut sind die Schlüssel, auf denen der Erfolg beruht.

[Horst Menzel]

Kapitel 4

Die Bedarfsanalyse

Dein Ziel im Verkauf lautet eindeutig:
Du willst, dass der Kunde zurückkommt. Nicht das Produkt.

Zufriedene Kunden sind abgesehen von Deinem positiven Auftreten Dein stärkstes Kapital.

Aus einem Kunden, der viel auf Dich hält, der sich bei Dir in guten Händen fühlt, können schnell mehr neugierige Interessenten werden. Du weißt, wie das ist mit dem sogenannten Empfehlungsgeschäft. Wahrscheinlich kennst Du dies auch umgekehrt und hast selbst schon einen Dienstleister weiter empfohlen, wenn Du mit ihm zufrieden warst.

Stornierungen und Rückläufe kosten hingegen nicht nur Geld, sondern auch eine Menge Zeit. Diese Zeit solltest Du lieber darin investieren, den tatsächlichen Bedarf Deines Interessenten zu ermitteln und herauszufinden, inwieweit Dein Produkt oder Dein Service einen starken persönlichen Nutzen für ihn bringen wird.

Deshalb ist nach einer guten Vorbereitung, der entsprechenden Begrüßung und einer gelungenen Gesprächseröffnung die Bedarfsanalyse Dein nächster wichtiger Schritt zu einem Kunden, der gerne wiederkommt.

Die Bedarfsanalyse kannst Du in etwa vergleichen mit einer Untersuchung beim Arzt. Je mehr sich der Arzt mit Dir persönlich beschäftigt, desto treffender wird seine Diagnose sein. In unserem heutigen Gesundheitssystem hat der Arzt dafür leider nicht immer die Möglichkeit und muss sich, weil Eile geboten ist, oftmals an reine Standard-Diagnosen halten.

Auch im Vertrieb herrscht hoher Zeit- und Leistungsdruck. Du hast gar nicht die Zeit, Dich mit jedem Kunden eingehend zu beschäftigen und seine Situation bis ins Detail zu beleuchten. Das will er wahrscheinlich auch gar nicht.

Es ist dennoch ein großer Unterschied, ob Du Dich mit ihm beschäftigst oder nur mit Deinem Angebot. Letzteres wäre vergleichbar mit der Situation, in der Dir der Arzt eine Krankheit diagnostiziert, nur weil er Dir ein bestimmtes Medikament verschreiben will.

Wie Deine Bedarfsanalyse ausfällt, hängt entscheidend von Deiner Aufmerksamkeit Deinem Interessenten gegenüber ab. Je mehr Du es verstehst, ihn – sozusagen – zu lesen, umso größer ist die Wahrscheinlichkeit, dass Du ihn anschließend schreiben kannst – in Dein Auftragsbuch.

Im Folgenden beschreibe ich einige Gesetzmäßigkeiten, die dieser Phase im Kundengespräch zugrunde liegen. Daneben lernst Du effektive Methoden und Werkzeuge kennen, mit denen Du Deine Bedarfsanalyse erfolgreich gestalten kannst. Wenn Du diese verinnerlichst und in Deiner täglichen Berufspraxis stetig trainierst und optimierst, sollte Deinen zufriedenen Kunden nicht mehr viel im Wege stehen.

Wo Wollen und Können zusammenarbeiten, ist der Erfolg nur noch eine Frage der Zeit.

[Ernst Ferstl]

4.1. Sprich nicht zu viel, schweig nicht zu wenig

Was wir überhaupt bewusst im Kopf behalten können

Das konkrete Ziel der Bedarfsanalyse besteht in der Gewinnung von Informationen über die Bedürfnisse Deines Gegenübers. Dein Produkt befindet sich zu diesem Zeitpunkt noch im Hintergrund. Oder sagen wir: In Deinem Hinterkopf.

Während dieser Informationsphase ist entscheidend, dass Du Dich mit Deinem Interessenten auf dessen emotionaler Ebene befindest. Dies erreichst Du am besten mit persönlichen Themen. Oder anders gesagt: Besser von Mensch zu Mensch als von Fachmann zu Fachmann. Natürlich ist der Austausch von Daten und Fakten wichtig. Auf dieser sogenannten informativen Ebene lassen sich die Bedürfnisse Deines Gesprächspartners hinsichtlich eines persönlichen Kundennutzens konkret definieren. Die Erfahrung zeigt jedoch ganz klar, dass dies umso besser gelingt, je stärker Du die Gefühle Deines Interessenten ansprechen kannst.

Würde es dafür eine technische Gebrauchsanleitung geben, würde sie sehr einfach klingen: Ausstrahlung schlägt Know-how. Bauch entscheidet. Kopf setzt um. Es geht darum, Deinem Interessenten Raum zu geben. Raum für seine Emotionen und für sein Anliegen. Deshalb rede lieber etwas weniger als Dein Gegenüber. Idealerweise liegen die Gesprächsanteile zu 55 Prozent bei Deinem Interessenten und zu 45 Prozent bei Dir selbst. In der täglichen Praxis im Verkauf sieht es anders aus. Dort redet oft genug zu 80 Prozent der Verkäufer. Nur zu 20 Prozent bekommt der Interessent überhaupt Gelegenheit, seine eigenen Motive und Bedürfnisse zu erläutern, weil der Verkäufer nicht nachfragt. Das ist nicht nur verschenktes Informationspotential. Was soll Dein Interessent von Dir denken, wenn Du quasi ununterbrochen auf Sendung bist? Schalte lieber zwischendurch auf ausreichenden Empfang. Das macht Dich Deinem Gesprächspartner gegenüber interessanter und sympathischer. Die Gesprächsanteile können natürlich etwas variieren, auch je nachdem, was für ein Charaktertyp Du bist. Extrovertierte Menschen reden immer ein bisschen mehr als introvertierte Charaktere. Als grobe Richtschnur gilt jedenfalls: Rede nicht mehr als Dein Kunde. Doch behalte das Gespräch in der Hand.

Auf der **„Insel“** des Kunden gibt es wesentliche Fragen, denen es für Dich auf den Grund zu gehen gilt. Je konkreter und aussagekräftiger diese Antworten ausfallen, umso offener wird der Kunde gegenüber Deinem Angebot werden.

- Worauf legt der Interessent besonderen Wert?
- Welchen Mangel kann Dein Angebot beseitigen?
- Was ist ihm bei einer Zusammenarbeit mit Dir in Zukunft wichtig?

Diese Fragen sind wesentlich für jede Bedarfsanalyse. Natürlich gibt es je nach Branche, in der Du aktiv bist, noch weitere wichtige Fragen. Als Immobilienmakler wirst Du beispielsweise ein größeres Interesse an der privaten Situation Deines Gegenübers haben als ein Handelsvertreter für Damenoberbekleidung.

Mit ein bisschen Motivation, Kreativität und Empathie kannst Du für Dich selbst ermitteln, welche Fragen in Deiner Branche maßgeblich sind – und hinsichtlich des einzelnen Interessenten. Denn wie bereits angesprochen, ist der persönliche Nutzen für Deinen Kunden ein entscheidender Faktor für Deinen Erfolg. Bevor ich zu konkreten Frage-Techniken komme, die Dir auf dem Weg zum Verkaufsabschluss hilfreich sein werden, ist es gut zu wissen, wie aufnahmefähig Dein Gesprächspartner überhaupt ist, wenn Du ihn triffst. Denn auch sein Gehirn muss – wie Deins und meins – jeden Tag Billionen von Informationen verarbeiten. Nur wenige davon kann er behalten.

Die folgende Übersicht bezieht sich auf unsere tägliche Kommunikation. Konkret zeigt sie, was wir uns merken können und noch nach 14 Tagen im Kopf abrufbar haben:

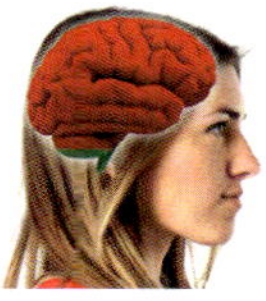

10 %

von dem, was wir **lesen**

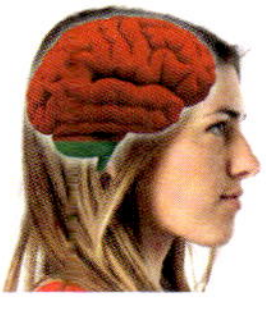

20 %

von dem, was wir **hören**

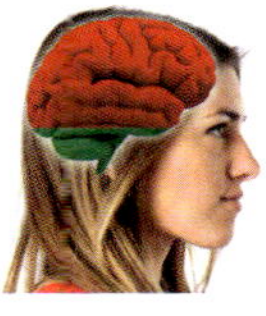

30 %

von dem, was wir **sehen**

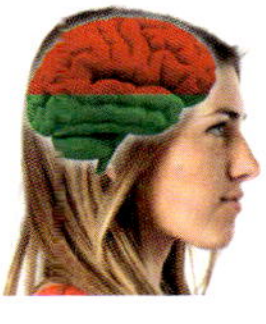

50 %

von dem, was wir **hören und sehen**

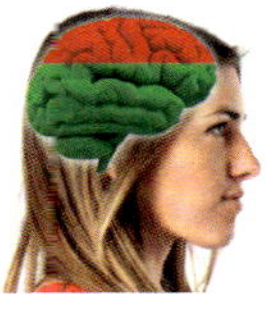

70 %

von dem, was wir **selbst sagen**

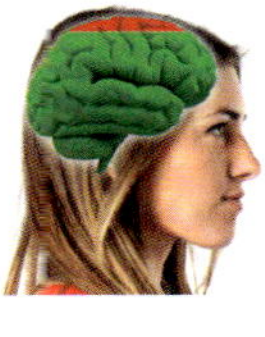

90 %

von dem, was wir **selbst tun**

Dieses Ergebnis ist vielleicht ein wenig verblüffend. Es ändert jedoch nichts an der Tatsache, dass Dein Interessent nach zwei Wochen nur noch zehn Prozent von dem weiß, was Du ihm gesagt hast. Wenn Deine Körpersprache Dein Gesagtes unterstützt, sind es immerhin 50 Prozent. Also kein Grund zur Panik. Dafür umso mehr ein Grund, an der eigenen Körpersprache und Ausstrahlung zu arbeiten.

Für Deine Bedarfsanalyse empfiehlt es sich, Dein Gegenüber so stark wie möglich mit seinen eigenen Aussagen und Handlungen in den Analyseprozess einzubeziehen. Je mehr Sinne Du bei ihm wecken kannst, desto größer sind Deine Erfolgschancen.

Halte Dir diese Situation selbst vor Augen: Du bist bei einem Interessenten. Auf Deine Frage, worauf er besonderen Wert legt, antwortet er mit „hochwertige Verarbeitung“.

Was machst Du? Sagst Du ihm, dass sich das gut trifft, denn Deine Produkte seien alle hochwertig verarbeitet? Das kannst Du natürlich tun. Doch hast Du Dein Produkt dabei? Ein Muster? Dann gib es ihm. Lass ihn anfassen. Lass es ihn ausprobieren.

Erstens kann er sich sein eigenes Urteil über die hochwertige Verarbeitung bilden. Zweitens wird er sich noch in zwei Wochen zu 90 Prozent daran erinnern können. Denn er hat es selbst getan. Er hat Dein Produkt in den eigenen Händen gehabt. Drittens gibt es Dir Gelegenheit, Deinen Interessenten mit speziellen Vorteilen Deines Angebots bekannt zu machen. Z.B. mit einem besonderen Service, den nur Du bietest bzw. Dein Unternehmen bietet.

Das Motto bei der Bedarfsanalyse lautet also: „Nicht nur gucken, sondern auch anfassen“. Wenn er Dinge greifen kann, kann er sie umso besser be-greifen. Je mehr Sinne Deines Gegenübers Du aktivierst, umso besser. Denn in diesem Moment ist er nicht nur Dein Gesprächs-, sondern auch Dein Handlungspartner. Dann integrierst

Du ihn haptisch in Euer Gespräch und es wird zu einer gemeinsamen Erfahrung. Umso weiter kommst Du auf seine **„Insel"** und umso länger bleibst Du dort.

Übrigens funktioniert das Prinzip des Anfassens nicht nur mit Produkten, die Du tatsächlich mit Deinen Händen greifen kannst. Wenn Du z.B. eine Software vertreibst, deren Vorteil ihre kinderleichte Anwendung ist, dann bitte Deinen Gesprächspartner darum, an seinem Rechner (oder Notebook) seine bisherige Lösung zu demonstrieren. Anschließend aktivere Deine Lösung auf Deinem Notebook. Gib ihm Dein Notebook und lass ihn Deine Software ausprobieren. Damit holst Du ihn auf seiner emotionalen Ebene ab und aktivierst die Gefühlswelt Deines Interessenten. Sowohl sein Kopf als auch seine Hände bekommen einen fühlbaren Vergleich. Dies berührt ihn körperlich und emotional, weil er selbst berührt, was Du ihm beschreibst.

Nun komme ich zu einem Aspekt, der Dich selbst betrifft. Wie Du oben gelesen hast, erinnern wir uns zu 70 Prozent an das, was wir selbst sagen. Das bedeutet, dass wir uns auch zu 70 Prozent an das erinnern, was wir **UNS SELBST** sagen.

Wir kommunizieren ja nicht nur mit anderen Leuten, sondern vor allem mit dem Menschen, der uns am nächsten ist. Sogar die meiste Zeit am Tag sprechen wir mit uns selbst. Auch wenn wir nur selten verbal mit uns kommunizieren, wir tun es ständig, indem wir über uns selbst und über andere Leute nachdenken bzw. sie einschätzen. Unsere Gedanken wirken in diesem Fall genauso wie wenn wir es uns laut sagen würden. Insofern prägt es auch unsere Stimmung, unser Auftreten und deshalb unseren Erfolg. Konkret heißt das: Wenn Du Dir selbst sagst, dass dies ein schlimmer Tag wird, dann kommt es wahrscheinlich auch so. Zumindest forderst Du Deinen inneren Schweinehund geradezu heraus, es Dir schwer zu machen.

Wenn Dir ein Kunde Kopfzerbrechen bereitet und es schwirrt Dir auf der gesamten Fahrt zu ihm im Kopf herum, wie entsetzlich Euer Gespräch gleich werden wird, warum sollte er anders sein als Du es erwartest. Du hast ihn in Deinem Denken ja sozusagen schon dazu verurteilt, Dir das Leben schwer zu machen.

Du bist nicht Dein Tag. Du bist nicht Dein Kunde. Lass den Tag doch sein, wie er ist. Es kommt darauf an, was Du daraus machst. Lass Deinen Kunden doch sein, wie er ist. Es kommt darauf an, wie Du mit ihm umgehst. Vielleicht ist er ja dieses Mal ganz anders. Aufmerksam. Entgegenkommend. Fröhlich. Und wenn nicht, dann nächstes Mal. Weil Du es auch bist. Denk an die Spiegelneuronen. Du musst Deinem Gegenüber allerdings schon die Chance dafür geben, anders auf Dich zu wirken. Genauso wie Dir selbst.

Denn nicht vergessen: ***DU bist das Produkt***.

Deshalb achte darauf, was Du selbst denkst und fühlst. Sowohl über Dich als auch über andere Menschen. Deine Gedanken und Gefühle sind das Produkt Deiner Sicht auf die Vergangenheit und auf die Zukunft.

Das Schwierigste am Miteinander-Reden ist für viele nicht das Reden, sondern das Zuhören.

[Ernst Ferstl]

4.2. Wer fragt, der führt

Wie Du gute Fragen stellst, so dass Dein Erfolg beim Kunden nicht in Frage steht

Du kennst garantiert den Spruch: *„Fragen kostet nichts“*. Im Verkauf ist das noch viel zu bescheiden ausgedrückt. Fragen sind Dein entscheidendes Mittel in der Bedarfsanalyse.

Stell Dir die Situation beim Arzt vor. Wodurch erfährt der Arzt, was Dir fehlt? Durch Fragen! Und wer hat im Sprechzimmer die Gesprächsführung? Natürlich der Arzt. Indem er Dich fragt, ist er Dir im positiven Sinne immer einen Schritt voraus.

Dein Ziel ist dasselbe: Mit gezielten Fragen ermittelst Du die Bedürfnisse Deines Kunden, findest die Ursachen dafür heraus und erfährst seine Ziele. Dann kannst Du ihm die optimale Lösung für sein Problem bieten. Mit Deinem Produkt oder mit Deiner Dienstleistung. Wer fragt, der führt.

Mit Fragen hältst Du die Gesprächsführung in der Hand. Du agierst. Dein Gegenüber reagiert. Deshalb empfehle ich Dir, Dich mit diesem Thema eingehend zu beschäftigen. Je sicherer und besser Du fragen kannst, umso sicherer und erfolgreicher bist Du im Gespräch. Von der Qualität Deiner Fragen hängt die Qualität der Antworten Deines Gesprächspartners ab.

Nun stellst Du Dir vielleicht die Frage, was gute und was suboptimale Fragen sind. Darauf gehe ich gleich ausführlich mit den konkreten verschiedenen Frage-Typen ein. Unabhängig davon gibt es bei jeder Frage bestimmte Faktoren, die sie mehr oder weniger erfolgversprechend machen.

Wenn Du mit Deiner Frage Deinen Gesprächspartner zum Denken anregst, ist sie gut. Dann ist er „bei Dir“ bzw. Du bist auf seiner „**Insel**“. Hierfür eignet sich z.B. eine Frage mit einem persönlichen Bezug zwischen ihm und Dir. Beispiel: *„Falls es einmal eine Herausforderung geben sollte, was halten Sie davon, wenn ich Ihnen innerhalb von 180 Minuten eine Lösung garantiere?“* Indem Du Deinen persönlichen Einsatz ins Spiel bringst, zeigst Du dem Interessenten, dass Du für seine Belange stets da sein wirst. Falls er dann nach dem Motto fragt *„Warum gerade 180 Minuten?“*, dann solltest Du darauf natürlich eine schlüssige Antwort bieten können, z.B. dass Du während eines Kundengesprächs nicht mit anderen Kunden telefonierst. Dafür hörst Du nach einem Termin immer Deine Mailbox ab. Vom Auto aus tätigst Du dann im Sinne zielgerichteter Lösungen die entsprechenden Anrufe.

Eine weitere Möglichkeit, Deinen Gesprächspartner zum Denken anzuregen, sind Metaphern, also die bildhafte Beschreibung von Dingen. Eine Frage ohne Metapher lautet z.B.: *„Wie möchten Sie Ihren Kaffee?“* Mit einer Metapher klingt sie z.B. so: *„Möchten Sie Ihren Kaffee mit Milch und Zucker oder lieber schwarz, so dass der Löffel drin stecken bleibt?“*

Mit einer solchen Frage bewirkst Du alle Fälle, dass der Kunde aufmerksam auf Dich wird. Sie hat nicht direkt mit ihm oder mit Deinem Produkt zu tun. Sie stärkt dafür auf jeden Fall Dein Profil in Richtung einer interessanten Persönlichkeit.

Wie Du Deine Fragen genau stellst, hat viel mit Dir selbst zu tun. Auch hier gilt: Authentizität und Natürlichkeit sind wichtiger als Aufmerksamkeit um jeden Preis.

Manchmal geht es bei Fragen nur um kleine, aber feine Unterschiede. Hierzu ein Beispiel für eine Frage in zwei Versionen:

1. *„Wenn Sie sich jetzt entscheiden* ***müssten,*** *was wäre noch zu klären?"*

2. *„Wenn Sie sich jetzt entscheiden* ***würden,*** *was wäre noch zu klären?"*

Ich nehme an, Du siehst direkt den Unterschied: ***„Würden"*** statt ***„müssten"***. ***„Würden"*** macht die Frage weicher. Sie nimmt gegenüber Deinem Interessenten Druck heraus.

Übrigens kann auch ein Unterschied zwischen dem, was Dein Kunde vorgibt zu wollen, und dem, was er wirklich will, bestehen. Um zu erfahren, was er wirklich möchte, bietet sich folgende Verfahrensweise an: Zunächst fragst Du ihn, worauf er besonderen Wert legt. Darauf wird er antworten. Dann fragst Du ihn, worauf er **darüber hinaus** besonderen Wert legt. Schau ihm dabei in die Augen. Die Chancen sind groß, dass er Dir erst bei der zweiten Frage seine wahren Wünsche und Bedürfnisse nennt.

Die Fragen sind die halben Antworten.

[Manfred Hinrich]

4.3. Von der offenen Frage bis zur Aktivierungsfrage

Über die verschiedenen Frage-Formen

Spielst Du Golf? Wenn nicht, hast Du zumindest eine Vorstellung von dieser Sportart, nehme ich an.

Jeder Golfspieler hat in seiner Tasche verschiedene Arten von Schlägern, die bekanntlich auch Eisen genannt werden. Je nach Bedarf benutzt der Golfsportler ein bestimmtes Eisen, um seinem Ziel näher zu kommen: Den Ball mit möglichst wenig Schlägen ins Loch zu bekommen.

Die Entscheidung, welchen Schläger der Golfer benutzt, hängt von verschiedenen Faktoren ab. Erstens ist die Phase des Spiels maßgeblich. Zum Abschlag verwendet er ein anderes Eisen als kurz vor dem Loch. Zweitens beeinflusst die Beschaffenheit des Untergrundes seine Entscheidung für dieses oder jenes Eisen.

Liegt der Ball im Sand, braucht er einen bestimmten Schläger, um den Ball von dort weg zu bewegen. Auf dem kurz geschorenen, glatten Rasen bringt ihm dieses Eisen jedoch nichts. Drittens ist es eine Frage der Persönlichkeit des Spielers und seines Könnens, das im Golf Handicap genannt wird. Damit werden seine grundsätzlichen Fähigkeiten eingeordnet.

Wenn Du schon einmal Golf gespielt hast, ist dies für Dich nichts Neues. Wenn nicht, probiere es aus. Es macht großen Spaß und Du triffst interessante Leute. Das Verblüffendste am Golf ist in meinen Augen jedoch, dass es so einfach aussieht, es in Wirklichkeit hingegen äußerst anspruchsvoll ist. Das merkst Du spätestens, wenn Du bei Deinem ersten Abschlagstraining drei Mal hintereinander am Ball vorbei geschlagen hast. Nur regelmäßiges Training und intensive

Handlungspraxis bringt Dich in die Nähe eines einigermaßen guten Handicaps. Hier haben wir zwei große Parallelen zur täglichen Berufspraxis im Verkauf: Erstens hast Du mit verschieden Typen von Fragen eine breite Palette an „Eisen“ dabei. Im Gegensatz zum Golfer hast Du sie nicht in der Tasche. Dafür hast Du sie in Deinem Kopf.

Wie für den Golfsportler hinsichtlich seines Schlägers, geht es für Dich im Kundengespräch darum, die richtige Form der Frage zu wählen und bestmöglichst einzusetzen. Zweitens wirst Du erfahrener und erfolgreicher werden, je öfter Du fragst und je öfter Du die verschiedenen Arten von Fragen in Deinem beruflichen Alltag trainierst. Früher oder später wird es ganz normal für Dich sein. Dann wählst Du die richtigen Fragen ganz automatisch, stattest sie mit Metaphern und persönlichen Bezügen aus, als ob Du nie etwas anderes gemacht hättest.

Dies bedeutet nicht, dass Du dann jeden Interessenten direkt überzeugen wirst. Wie beim Golf jeder Golfplatz seine individuellen Eigenheiten hat, findest Du diese bei Deinen Gesprächspartnern. Jeder Kunde ist anders. Vor allem weißt Du nie, wie Dein Gegenüber tatsächlich auf Deine Frage reagiert.

Wie der Golfspieler, wenn er seinen Schläger zum Ball führt. Er weiß nie, wo der Ball tatsächlich landen wird. Er kann nur das Beste dafür tun, indem er u.a. das passende Eisen verwendet. Genauso kannst Du das Beste dafür tun, damit Dein Interessent zum Kunden wird, indem Du ihm die richtigen Fragen stellst.

Für Dein persönliches Rüstzeug in Sachen Fragen sind dies die verschiedenen Formen, die Du einsetzen kannst:

🗩 W-Frage bzw. Offene Frage

Diese Art der Frage beginnt stets mit einem W (Wie, Wer, Wann, Warum, Welche...) und lässt sich nicht nur mit *„Ja"* oder *„Nein"* beantworten. Deshalb wird sie auch offene Frage genannt.

Die W-Fragen sind vor allem für die Gesprächseröffnung und für die Bedarfsanalyse das passende Mittel bzw. „Eisen". Damit erhältst Du von Deinem Gegenüber aussagekräftige Informationen, auf die Du Deine weitere Gesprächsführung aufbauen kannst.

Halte Dir hier noch einmal kurz die essentiellen Fragen für die Bedarfsermittlung vor Augen. Z.B. *„Worauf legen Sie besonderen Wert?"* Mit dieser W-Frage motivierst Du Dein Gegenüber zu einer konkreten Information. Dadurch erkennst Du viel besser die Möglichkeiten zu einem persönlichen Mehrwert für Deinen Interessenten, als wenn Du ihn z.B. fragen würdest: *„Sind Sie zufrieden mit der aktuellen Situation?"*

Offene Fragen sind stets ein gutes Mittel, um die emotionale Ebene Deines Gegenübers anzusprechen. Neben Deiner Sympathie zeigst Du ihm Dein Interesse an seiner persönlichen Situation. Anhand der Art, wie er antwortet, erhältst Du auch einen guten Eindruck von ihm als Mensch. Oder zumindest von seiner aktuellen Stimmung. Antwortet er offen und ausführlich, wirst Du es leichter haben, mit ihm ein informatives, vielleicht sogar humorvolles Gespräch zu führen. Auch wenn Dein Interessent nur knapp antwortet, geben W-Fragen stets mehr Aufschluss über seine Befindlichkeit als geschlossene Fragen, die ihn zu einem bloßen *„Ja"* oder *„Nein"* einladen.

W-Fragen sind Dein bestes Mittel für einen persönlichen Bezug zu Deinem Kunden. Daneben sind offene Fragen sogar die einzige Möglichkeit, um einen Gesprächsanteil von 60:40 zu erzielen. Du kannst nie genug davon stellen.

Geschlossene Frage

Die geschlossene Frage führt zu einer kurzen und klaren Antwort. Meistens lautet die Antwort *„Ja“* oder *„Nein“.*

Wenn Du von Deinem Kunden eine Bestätigung erhalten möchtest, ist dies der richtige Zeitpunkt für eine geschlossene Frage. Beispiel: *„Ist der vorgeschlagene Zeitplan für Sie in Ordnung?“*

Für den Verkaufsabschluss eignet sich die geschlossene Frage ebenfalls gut. Denn sie sorgt für klare Verhältnisse. Ein simples, aber effektives Beispiel: *„Dann sind wir uns jetzt einig?“*

Antwortet Dein Gegenüber mit *„Ja“*, ist alles klar. Antwortet er mit *„Nein“*, gilt es für Dich, den Motiven für sein *„Nein“* auf den Grund zu gehen und weiter auf Einigkeit hinzuarbeiten.

Alternativ-Frage

Sie gibt dem Gesprächspartner mehrere Möglichkeiten zur Auswahl. Die Alternativ-Frage verwendest Du am besten, wenn Du beim Kunden zu einer raschen Entscheidung kommen möchtest. Auch bei der Bedarfsermittlung kann diese Form der Frage sinnvoll sein, wenn Du das Gespräch voran bringen oder zu einem anderen Themenfeld überleiten willst.

Daneben ist die Alternativ-Frage ein gutes Mittel, um Dein Gespräch mit dem Kunden abzuschließen und einen weiteren Termin zu vereinbaren. Wichtig: Die Alternativen sollten in dieselbe Richtung zeigen. Also nicht *„Soll ich Sie anrufen oder melden Sie sich?“* Sondern *„Soll ich Sie lieber am Dienstag oder am Mittwoch anrufen?“* Mit der zweiten Variante (Dienstag oder Mittwoch) bleibst Du der proaktive Part in Eurem Gespräch und zeigst Deinem Gegenüber, dass er Dir wichtig ist.

💬 Kontroll-Frage

Mit der Kontroll-Frage - oder auch Zwischenfrage – stellst Du fest, inwieweit Du Dich noch auf der **„Insel“** des Kunden befindest. Kann Dein Gesprächspartner zustimmen, weißt Du, dass Ihr Euch weiter auf seiner emotionalen Ebene befindet.

Die Kontroll-Frage macht Dir zudem deutlich, ob sich Dein Kunde dafür interessiert, was Du ihm anbietest und wie konzentriert er ist. Beispiel: *„Ist es richtig, dass sich Ihre Frage auf die Lieferfähigkeit bezieht?“* Bestätigt er dies, kannst Du mit Deiner Gesprächsführung weitermachen wie geplant.

Bestätigt er Deine Zwischenfrage nicht, liegt Deine Herausforderung nun darin, den Kunden wieder „an die Stange“ zu bekommen bzw. seine **„Insel“** neu zu entdecken. Hierfür eignet sich wiederum die offene Frage. Damit erfährst Du den Grund, warum Ihr in diesem Moment nicht in dieselbe Richtung schaut und kannst Deine Gesprächsführung neu ausrichten.

Suggestiv-Frage

Sie führt indirekt zum Ziel, indem Du dem Kunden unterstellst, er würde diesen Gedanken selbst hervorgebracht haben. Beispiel: *„Sind Sie also auch der Meinung, dass die Verpackungsgröße ein ausschlaggebendes Argument ist?"*

Zum Einsatz der Suggestiv-Frage empfehle ich, sie nur sehr sparsam einzusetzen. Der Kunde kann sich leicht in die Ecke gedrängt fühlen. Andersherum, mit Dir als Kunde, würdest Du eine solche Frage auch eher ungern gestellt bekommen, nehme ich an. Die Suggestiv-Frage gehört also in den Reservekanister, nicht in den Haupttank Deines Wortschatzes.

Aktivierungs-Frage

Aktivierungs-Fragen sind zu ca. 80 Prozent offene bzw. W-Fragen. Damit kannst Du Deinen Gesprächspartner effektiv in die Bedarfsanalyse einbeziehen, um Eure Unterhaltung voran zu bringen, z.B. indem Du ihn fragst: *„Was ist Ihnen bei einer Zusammenarbeit besonders wichtig?"*

Gut ist die Aktivierungs-Frage auch, um zu einem anderen Thema, z.B. zu Deinem persönlichen Kundennutzen überzuleiten. Dann kann sich diese Frage derart anhören: *„Wie finden Sie es, wenn ich Sie jetzt selbst ausprobieren lasse, warum unsere Software genau die richtige Lösung für Sie ist?"*

Für die Gesprächseröffnung, die Einwandbehandlung und den Verkaufsabschluss kann dieser Fragen-Typ ebenfalls sehr nützlich sein. Deine persönliche Einstiegsfrage ist z.B. auch eine Aktivierungs-Frage. Damit bringst Du Euer Gespräch in Gang und Dich selbst in Richtung seiner **„Insel"**.

Zukunftsfrage

Mit der Zukunftsfrage kannst Du einerseits Hemmnisse und Einwände seitens Deines Kunden überwinden. Andererseits eignet sie sich gut, um den Kunden während der Bedarfsanalyse zum Denken anzuregen und um eventuelle Skepsis abzulegen.

Beispiel: *„Können Sie sich vorstellen, mit diesem Wagen Serpentinen entlang zu fahren, gespannt darauf, hinter welcher Sie das Meer sehen werden?“*

Für den Verkaufsabschluss ist die Zukunftsfrage ein gutes Mittel, um festzustellen, ob Ihr wirklich einig seid bzw. werden könnt. Das kann dann z.B. so klingen: *„Angenommen, Sie entscheiden sich für uns, welche Punkte wären noch zu klären?“* Oder auch: *„Welche Fragen haben Sie noch, die wir jetzt klären können?“*

Zusammenfassung:

Mit diesen sieben Frage-Formen verfügst Du für den Kundenkontakt über verschiedene effektive Mittel. Ansonsten gilt: Üben, üben, üben. Es ist noch kein Meister vom Himmel gefallen. Wie beim Golfen wird sich mit zunehmender Praxis und Erfahrung Dein Handicap in Sachen Fragen stetig verbessern.

Das Schöne am Fragen ist doch: Fragen kostet nichts, ist aber nicht umsonst. Je mehr Du fragst und intensiver Du das Fragen übst, umso höher wird Dein Preisgeld sein.

Je sicherer Du fragen kannst, umso sicherer und erfolgreicher bist Du im Gespräch.

Zur besseren Übersicht für Dich noch einmal in kompakter Form die sieben Frage-Typen und ihre Anwendungsmöglichkeiten:

W-Frage bzw. offene Frage

Anwendung: Zur Informationsgewinnung und Kommunikations-Förderung, z.B. bei der Gesprächseröffnung und Bedarfsanalyse

Vorteil: Viele Informationen, Interesse wird deutlich und Sympathie gefördert

Beispiel: *„Was ist Ihnen für unsere Zusammenarbeit besonders wichtig?“*

„Welche weiteren Punkte sind Ihnen darüber hinaus noch wichtig?“

Geschlossene Frage

Anwendung: Zur Bestätigung, z.B. beim Verkaufsabschluss

Vorteil: Klar, eindeutig

Beispiel: *„Dann sind wir uns einig darüber, dass ... ?“*

Alternativ-Frage

Anwendung: Wenn eine schnelle Entscheidung gefragt ist, z.B. bei Terminabsprache und Bedarfsermittlung. Die Alternativfrage ist eine geschlossene Frage, denn sie gibt eine der Lösungsmöglichkeiten vor. Damit verhinderst Du ein Nein und lässt Deinem Gesprächspartner die Wahl.

Beispiel: *„Soll ich Sie lieber am Dienstag um 14 Uhr oder am Donnerstag um 11 Uhr anrufen?“*

Kontroll- bzw. Zwischen-Frage

Anwendung: Zur Vergewisserung: Ist Dein Kunde interessiert bzw. konzentriert?

Bei der Bedarfsanalyse und während des Abschlusses

Beispiel: *„Ist es richtig, dass sich Ihre Frage auf die Lieferfähigkeit bezieht?“*

Suggestiv-Frage

Anwendung: Indirekte Zielführung

Gut und gezielt dosieren!

Beispiel: *„Sind Sie auch der Meinung, dass die Verpackungsgröße ein starkes Argument ist?“*

Aktivierungs-Frage (zu 80 Prozent offene Fragen)

Anwendung: Zur Einbeziehung des Gesprächspartners und um das Gespräch voran zu bringen

Bei der Gesprächseröffnung und Bedarfsanalyse

Beispiel:
„Wie denken Sie über ... ?“

Zukunftsfrage

Anwendung: Zur Überwindung von Einwänden und beim Verkaufsabschluss

Beispiel: *„Angenommen, Sie entscheiden sich für uns, was wäre noch zu klären?“*

Fragen kostet nichts, außer Überwindung.

[Tina Seidler]

4.4. Hören ist nicht gleich Verstehen

Über aktives Zuhören und warum ein Lob nicht schadet

Ein wichtiger Bestandteil in Deiner Bedarfsanalyse ist neben dem, was Du tust (fragen!), auch das, was Du nicht tun solltest.

Dazu gehört beispielsweise, Deinem Interessenten nicht in den Satz zu fallen, wenn er spricht. Oder auf gut Deutsch: Wenn Dein Gesprächspartner dran ist, lass ihn ausreden. Halt einfach mal die Klappe. Er hat auch was zu sagen.

Zugegebenermaßen ist das Ins-Wort-fallen ein sehr plastisches Beispiel dafür, wie Du Deinem eigenen Erfolg ein Bein stellen kannst. Doch in diesem Fall merkt Dein Gegenüber sofort, dass es Dir viel mehr um Dich selbst als um ihn geht. Ich nehme an, dass Dir das bereits klar ist. Andererseits lehrt die Erfahrung, dass Verkäufer gerne einmal ihre Gesprächspartner nicht ausreden lassen. Das solltest Du jedoch auf jeden Fall tun, wenn Du auf der **„Insel“** des Kunden bleiben willst.

Das Ausredenlassen ist ein wesentlicher Grundstein des aktiven Zuhörens. Abgesehen davon ist es auch schlichtweg eine Frage des Respekts bzw. der persönlichen Wertschätzung. Das aktive Zuhören ist ein Prozess, bei dem alle Deine Wahrnehmungs-, Empfindungs-, und Erkenntniskräfte gebraucht werden. Dann kannst Du das, was Dir Dein Interessent mitteilt, umso besser deuten. Logischerweise wirst Du einen ganzen Satz Deines Kunden erfahrungsgemäß besser deuten können als einen halben, wenn Du ihn nicht ausreden lässt. Übrigens schadet es nicht, wenn Du anschließend sogar eine kurze Sprechpause machst. Dann erkennt Dein Gegenüber, dass Du Dich mit seinen Äußerungen beschäftigst. Allzu lang sollte Deine Pause natürlich nicht sein.

Über weitere charakteristische Formen des aktiven Zuhörens wirst Du in Kapitel 6 lesen, wenn es um den Umgang mit Einwänden und Vorwänden seitens Deines Interessenten geht.

Wusstest Du im Übrigen schon, dass Dein Gesprächspartner Dir vier Mal schneller zuhören kann, als Du in der Lage bist, zu sprechen? Beim Empfangen von Informationen reagiert unser Gehirn wesentlich schneller als beim Senden von Informationen.

Deshalb kann es vielleicht sein, dass Du schon ahnst, was Dein Interessent Dir sagen will. Dann mag es ein positives Motiv von Dir sein, ihm das Wort aus dem Mund nehmen zu wollen.

Ich rate dennoch: Cool bleiben. Zeig ihm lieber durch Deine Gestik und Mimik, dass Du Verständnis für ihn hast und lies dabei seine Körpersprache.

Übrigens möchte ich noch erwähnen, dass ein Lob an der richtigen Stelle niemals verkehrt ist. Ich spreche dies explizit an, weil das Lob als Kommunikationsmittel etwas ins Hintertreffen geraten ist. Dies ist zumindest meine Wahrnehmung. Kritisiert und gefordert wird gern. Vielen Menschen kommt ein anerkennendes Wort hingegen eher schwer über die Lippen. Im Schwäbischen gibt es sogar den Spruch: *„Nix geschwätzt isch gnug globt."* Was so viel heißt wie: Hörst Du keine Kritik, ist alles gut.

Doch jetzt mal ehrlich: Wir sind alle nur Menschen. Wir können ruhig einmal unseren Gesprächspartner zum Lächeln bringen, indem wir ihm sagen, was uns an ihm erfreut. Und wenn er lächelt, bekommen wir umso mehr Grund, dies auch zu tun.

Für Deinen Alltag im Kundenkontakt heißt das: Lass es Deinen Interessenten wissen, wenn es Dich positiv beeindruckt, was er sagt oder tut. In welchen Situationen genau, das solltest Du selbst entscheiden.

Wichtig ist, dass es sich um ein echtes Lob handelt. Nicht nur um ein Kompliment des Komplimentes willen. Tu es nach Gefühl. Sei Dir dabei bewusst: Ein Lob zur richtigen Zeit bringt mehr als 1000 Komplimente zur falschen.

Zuhören ist eine Kunst, die mehr braucht als zwei Ohren.

[Peter Amendt]

Kapitel 5

Die Nutzenargumentation

Wenn Du den Bedarf Deines Kunden ermittelt hast, steht der nächste wesentliche Schritt an: Deine Nutzenargumentation. Hier geht es um die persönlichen Mehrwerte, die Du Deinem Kunden bietest, wenn er sich für Dein Angebot entscheidet.

Erinnerst Du Dich noch an den Anfang dieses Buchs als es um das iPhone ging? Wie war das noch? Welche konkreten Vorteile hat das iPhone im Vergleich zu anderen Smartphones, die dasselbe können? Na, es ist von Apple! Oder andersherum gefragt: Was hat Apple, was andere nicht haben? Das iPhone! Dieses Beispiel greife ich deshalb noch einmal auf, um zu verdeutlichen, dass der Kundennutzen nicht immer so einfach mit rationalen, klar messbaren Größen zu beschreiben ist.

Deine Interessenten interessieren sich nicht für das, was Du ihnen empfiehlst. Sie kaufen das, was sie verstehen, was ihnen nützt oder worin sie einen starken emotionalen Mehrwert für sich erkennen. Den Kunden für Deine Sache zu begeistern, indem Du ihn in den Mittelpunkt stellst, darauf kommt es an.

Auch wenn Dich Dein Interessent vielleicht nicht verbal fragen sollte, während des Gespräches mit ihm steht immer seine entscheidende Frage im Raum: Welchen konkreten und starken Nutzen bietet ihm Dein Produkt bzw. Deine Dienstleistung? Diese Frage ist seine gespiegelte, elementare W-Frage an Dich, das Äquivalent zu Deiner W-Frage, worauf er besonderen Wert legt.

Insofern kannst Du davon ausgehen, dass Dein Interessent umso offener für Dein Angebot wird, je mehr Vorteile Du ihm zu bieten hast. Sobald Dir Deine Nutzenargumente ausgehen oder sie Deinem Gesprächspartner nicht schlüssig erscheinen, geht es an den Preis. Dann wirst Du hier Abstriche machen müssen.

Auf der anderen Seite ist eine starke Nutzenargumentation Deine große Chance. Denn die Erfahrung zeigt: Je überzeugter der Interessent Deine individuellen Vorteile wahrnimmt, umso weiter rückt der Preis in den Hintergrund. Das ist doch ein starkes Argument für Deine Beschäftigung mit diesem Thema.

5.1. USP? Du bist Dein USP!
Wie Du es schaffst, dass Dein Kunde Dein Produkt nur bei Dir bekommen will

Wenn Du bereits im Handel tätig bist, ist Dir der Begriff USP bestimmt geläufig. Auch wenn Du Dich nur am Rande für kaufmännische Dinge, Marketing oder Betriebswirtschaft interessierst, kannst Du dem USP heutzutage kaum entgehen.

Der USP ist das Alleinstellungsmerkmal, das Dich von Deinen Mitbewerbern unterscheidet. Also das wesentliche Argument, das Geschäft mit DIR zu machen und mit niemand anderem.

Deinen persönlichen USP möchte ich sozusagen von hinten aufrollen. Mit einer Erfahrung, die ich als Kunde selbst gemacht habe und die mich bis heute beeindruckt.

Ende 2014 war ich auf der Suche nach einem Messerblock als Weihnachtsgeschenk für einen langjährigen Freund. Ich ging in einige Geschäfte, schaute mir einige Produkte an. Dabei sprach ich mit einigen – männlichen und weiblichen – Verkäufern über die Vorteile der jeweiligen Messerblöcke. Nachdem ich in zwei Geschäften war, hielt ich kurz inne und ließ die Gespräche Revue passieren. Hatte ich etwas Spezielles erfahren, worin sich die Messerblöcke voneinander unterschieden? Mag sein, dass es mir gesagt wurde, aber ich konnte mich nicht daran erinnern. Keiner dieser Messerblöcke hatte mich also wirklich begeistert bzw. kein Verkäufer hat mich dafür begeistern können.

Dann ging ich in ein weiteres Geschäft. Als ich vor einigen Messerblöcke stand, kam eine Verkäuferin auf mich zu. Ja, ich benutze hier ausnahmsweise und explizit die weibliche Form dieses Worts. Denn ich war sehr beeindruckt von der Art, wie diese Verkäuferin mit mir als Kunde umging. Sie hatte direkt ein natürliches Lächeln im Gesicht und ihre erste Frage lautete: *„Wen wollen Sie denn glücklich machen mit dem Messerblock?“*

Wie bitte? Ich dachte, ich höre nicht richtig und musste lachen. Schon in diesem Moment war das Eis gebrochen und sie befand sich auf meiner **„Insel“**. Denn sie sagte es ganz selbstverständlich. Mit einer Leichtigkeit, die ich bislang nur selten erlebt habe. *„Wen wollen Sie denn glücklich machen mit dem Messerblock?“* Das ist doch mal eine Einstiegsfrage!

Natürlich hätte die junge Frau danach noch sehr viel falsch machen können, so dass ich mich entschieden hätte, den Messerblock woanders zu kaufen. Interessanterweise stellte sie weiterhin genau die richtigen Fragen, und zwar ausschließlich offene Fragen, also W-Fragen. Später noch ein paar wenige Alternativ-Fragen. Dabei blieb sie stets sie selbst. Mit der Zeit erfuhr sie auf ganz natürliche Weise, was mir bei einem Messerblock besonders wichtig war und welches Produkt sie mir passend zu meinen Bedürfnissen anbieten konnte.

Das tat sie insgesamt mit einer Fröhlichkeit, die mich beeindruckte. Fast bekam ich das Gefühl, sie sei gar keine Verkäuferin. Sie agierte mehr wie eine Frau, die sich auch für den Messerblock interessierte und daneben an einem persönlichen Gespräch zwischen zwei Menschen interessiert war, die sich in diesem Moment zufällig an diesem Ort trafen. Vielleicht waren es unsere Spiegelneuronen, die dieses besondere Erlebnis möglich gemacht haben. Auf jeden Fall schaffte es die Verkäuferin, dass ich ins Denken geriet, während sie selbst die Informationen auswertete, die ich in meinen Antworten auf ihre Fragen gegeben habe.

Erst zum Ende unseres Gesprächs kamen wir noch zu einigen technischen Details, z.B. wie die Messer der verschiedenen Blöcke verarbeitet sind. Vor allem motivierte die Frau mich dazu, einige Messer selbst ausprobieren, also mit ihnen Probe zu schneiden. Damit bezog sie mich aktiv in den Verkaufsprozess mit ein. Sie wusste, dass ich mich dadurch zu 90 Prozent an die Messer und an unser Gespräch erinnern würde. Unabhängig davon, ob ich bei ihr einen Messerblock direkt kaufen oder noch einmal darüber nachdenken würde.

Zu diesem Zeitpunkt war mir schon klar, dass ich den Messerblock bei ihr kaufen werde. Nicht, weil der Messerblock herausragend gut war. Der entscheidende Faktor war: Die Verkäuferin hatte Persönlichkeit, Charme, Mut und stellte die richtigen Fragen. Sie vermittelte mir einen unbezahlbaren individuellen Kundennutzen. Nicht auf der technischen, sondern auf der emotionalen Ebene. Denn ich fühlte mich einfach fair, fröhlich und mehr als gut beraten. DAS war ihr USP.

Nun weiß ich nicht, welches Produkt oder welche Dienstleistung Du vertreibst bzw. verkaufen willst. Wenn es Messerblöcke sind, hast Du auf jeden Fall ein gutes Beispiel für eine gelungene Einstiegsfrage und für einen starken persönlichen USP. Deshalb lautet meine Empfehlung: Orientiere Dich mit Deiner Nutzenargumentation so stark wie möglich am **WIE** und **WARUM**. Sprich mit Deinem Interessenten darüber, wie er etwas benutzen kann und was dies bewirken wird. Sei der Experte für die Emotionen Deines Kunden. Einen Fachmann für die technischen oder informellen Details kannst Du ggfs. immer noch hinzuziehen.

Wenn Dein Kunde eine Vorstellung davon bekommt, wie Technik seine emotionale Situation bereichern kann, erkennt er umso eher einen persönlichen Nutzen für sich. Vielleicht ja sogar einen, den er bislang noch gar nicht kannte.

Unsere Überzeugungskraft steht und fällt mit unserer Glaubwürdigkeit.

[Ernst Ferstl]

5.2. DAS hat nur er davon!
Warum der individuelle Nutzen für Deinen Interessenten am wichtigsten ist

Nun geht es um die konkrete Formulierung Deiner Mehrwerte und Nutzenargumente. Denn auch wenn die situative Beziehung zwischen Dir und Deinem Kunden im Mittelpunkt steht, möchte der Kunde natürlich wissen, was er von Deinem Produkt hat. Erhält er auf diese Frage überzeugende Antworten, wird sein Interesse an Deinem Angebot steigen.

Unabhängig davon, für welches Produkt oder für welchen Service Du genau aktiv bist, geht es im Vertrieb meistens um einen dieser Mehrwerte oder auch um mehrere in Kombination:

- Umsatzsteigerung
- Sicherheit
- Bequemlichkeit
- Vereinfachung
- Gesundheit
- Genuss
- Ansehen
- Umwelt
- Nachhaltigkeit
- Anerkennung
- Flexibilität
- Ersparnis
- Qualität

Deinem Kunden erfolgreich zu vermitteln, dass sich seine Situation in mindestens einem dieser Bereiche verbessern wird – das ist in der Regel das Ziel Deiner täglichen Arbeit.

Dafür beschreiben nicht wenige Verkäufer ihre Produktstärken mit folgenden oder ähnlich klingenden Mehrwerten:

- Kurze Wege
- Kreativität
- Ausgezeichneter Service
- Alles aus einer Hand
- Rundum-Sorglos-Paket

Hältst Du solche Nutzenargumente für überzeugend? Wenn ja, was glaubst Du, wie oft am Tag hört Dein Interessent genau solche Argumente?

Tatsächlich sind solche generellen Angaben nur für die wenigsten Menschen interessant. Nicht, weil die „kurzen Wege" oder der „ausgezeichnete Service" keinen attraktiven Nutzen darstellen würden. Das Problem ist: Deine Interessenten haben solche Argumente schon 1000 Mal gehört.

Gehe von Dir selbst aus: Als Kunde begegnen Dir täglich zahlreiche Angebote mit dem berühmten Rundum-Sorglos-Paket. Ob nun im Briefkasten, in der Einkaufspassage oder per E-Mail. Wir werden von Rundum-Sorglos-Paketen geradezu erschlagen. Da braucht man fast schon ein Rundum-Sorglos-Paket, um sich vor Rundum-Sorglos-Paketen zu schützen.

Wenn Du das Rundum-Sorglos-Paket oder den ausgezeichneten Service als Mehrwert vermitteln willst, ist die entscheidende Frage: Was bedeutet dies konkret für Deinen Kunden? Bist Du 24 Stunden am Tag telefonisch erreichbar? Bietest Du ihm im Schadensfall einen kostenlosen Produktaustausch innerhalb von vier Stunden an? Bekommt er jederzeit Zugriff zu speziellem Service? Wenn ja, zu welchem?

Was bedeuten kurze Wege konkret? Vertragsänderungen online auf einen Klick ohne den lästigen Weg zur Post? Triffst Du im Fall der Fälle spontane Entscheidungen ohne Rücksprache mit Deinem Chef halten zu müssen, so dass Kundenwünsche schnell umgesetzt werden können?

Dein Interessent möchte konkrete Vorteile und persönliche Mehrwerte. „Kurze Wege" sagen nichts aus. „Ausgezeichneter Service" ist schwammig. Der Kunde möchte es konkret. Nur dann kann er sich einen konkreten Nutzen und Mehrwert für sich vorstellen. Was hast Du, was andere nicht haben? Was sind seine Vorteile, wenn er mit Dir zusammenarbeitet anstatt mit jemand anderem? Das sind die entscheidenden Fragen Deines Interessenten an Dich, auch wenn Du sie vielleicht nicht verbal ausgesprochen von ihm hören wirst.

Insofern ist es Dein Job, Deinen individuellen Kundennutzen entsprechend zu gestalten und zu formulieren. Sag ihm, was Dein Rundum-Sorglos-Paket genau beinhaltet. Dann weiß Dein Gegenüber, was er konkret erwarten kann. Zeig ihm, was Deine „kurzen Wege" für ihn genau bedeuten. Dann weiß er, worauf er sich einlässt. Beschreib ihm Dein Angebot individuell und orientiere Dich dabei an den Bedürfnissen Deines Interessenten. Dann bekommt Dein „ausgezeichneter Service" für ihn ein Gesicht. Dann wird Dein Angebot für ihn greifbar und tatsächlich attraktiv, weil er sich und seine Motive darin wiederfindet.

Dann bist Du für ihn nicht – ganz salopp gesagt – ein weiteres Schaf in der Herde der Vertriebler mit dem „ausgezeichneten Service". Dann bist Du für ihn – mindestens – der Hirtenhund.

Werde nicht müde, Deinen Nutzen zu suchen, indem Du anderen Nutzen gewährst.

[Marc Aurel]

5.3. Kurz, knapp, konkret, sexy

Wie Du Mehrwerte mit Leben füllst und den Kunden zum Denken anregst

Nun weißt Du, warum es gut ist, wenn sich Dein Kundennutzen von allgemeinen Aussagen abhebt. Dann gehen wir jetzt noch etwas tiefer in das Thema Mehrwerte hinein.

Bei meinen Verkaufsseminaren übe ich deshalb mit den Teilnehmern die konkrete Formulierung ihrer persönlichen Mehrwerte ausführlich. Denn ich habe festgestellt, dass zu diesem Thema nicht nur ein großer Bedarf, sondern auch starkes Interesse besteht. Dabei ist ab und an auch schon die Frage aufgekommen, was denn unter „sexy" zu verstehen ist. Da musste ich immer spontan lachen. Die männlichen und weiblichen Teilnehmer ebenfalls. Sexy bedeutet in diesem Fall natürlich nicht, dass persönliche Mehrwerte gewisse Anspielungen beinhalten sollten. Es geht vielmehr darum, dass Du Dich sprachlich und argumentativ auf der emotionalen Ebene des Kunden bewegst. Also weniger technisch, sondern gefühlsorientiert. Denn in seiner Gefühlswelt befindet sich das Entscheidungszentrum Deines Interessenten.

Wenn Dein Produkt bereits konkrete Alleinstellungsmerkmale aufweist, dann geht es darum, diese entsprechend zu formulieren. Wenn Dein Angebot noch keine individuellen Merkmale hat, gilt es, diese zu finden und dem Kunden in seiner Sprache zu vermitteln, also auf **„kundisch"**. Ohne einen starken Kundennutzen kannst Du wohl ein nettes Gespräch mit Deinem Interessenten haben, eine schöne halbe Stunde von Mensch zu Mensch. Doch wenn er in Deinem Angebot keinen starken Mehrwert für sich erkennt, wird es beim netten Small-Talk bleiben und seine Unterschrift bleibt eine Phantasie.

Die tägliche Praxis im Verkauf liefert weitere Erfahrungswerte, von denen Du profitieren kannst:

- Je mehr überzeugende Argumente Du für Deinen Interessenten hast, umso höher wird „Deine Abschlussquote" sein.
- Je mehr individuelle Vorteile Du Deinem Gesprächspartner vermitteln kannst, desto weniger Einwände und Vorwände wirst Du von ihm hören.
- Je mehr konkreten oder gefühlten Nutzen Du Deinem Kunden bieten kannst, umso unbedeutender wird der Preis.
- Dein Mehrwert sollte einen konkreten Bezug zwischen Dir und dem Bedürfnis Deines Interessenten haben.
- Kurz, knapp, konkret, sexy. Z.B. *„Du wirst Augen machen. Und mehr Umsatz!"*
- Die Formulierung muss für sich alleine stehen (ohne weitere Erklärung).
- Den persönlichen Nutzen für Deinen Interessenten mit Leben füllen. Z.B. *„In diesem Buch erfährst Du, warum Du Dein Telefon, Deinen Kalender und Dein Produktmuster vergessen kannst. Aber niemals Dich selbst."*
- Den individuellen Vorteil mit einem wohlklingenden Abschluss versehen. Z.B. *„Wenn Du es besser kannst als ich, sag es mir. Ich lerne gerne dazu und freue mich auf das Gespräch."*

- In Deinen persönlichen Mehrwert nur tatsächlich machbare Tipps und haltbare Versprechungen einbauen. Z.B. *„Ich zeige Dir, wie Du zu einem starken Auftreten kommst und damit Deinen Interessenten zum zufriedenen Kunden machst. Doch sprechen musst Du mit ihm selbst.“*

Es ist besser, zweien zu nützen,
als hundert zu gefallen.

[Deutsches Sprichwort]

5.4. Der Werkzeugkoffer in Deinem Kopf

Wie Du jederzeit gute Argumente parat hast

Was persönliche Mehrwerte ausmacht, dürfte jetzt klar sein. Nun geht es darum, wie Du in Deinem täglichen beruflichen Einsatz jederzeit einige starke Nutzenargumente parat haben kannst.

Wie die Praxis im Vertrieb oft genug zeigt, ist es nicht nur gut, sondern notwendig, die eigenen Mehrwerte zu kennen. Leider ist dieses Wissen jedoch erst die halbe Miete. Entscheidend ist, was Du tust, wenn Du vor Deinem Interessenten stehst. Kannst Du Deine Nutzenargumente jederzeit abrufen? Oder musst Du erst überlegen? Kommen sie völlig selbstverständlich? Wie aus der Pistole geschossen? Oder musst Du erst den Pistolenhalfter suchen, um Dein Gegenüber überzeugen zu können?

Warum soll Dein Kunde bei Dir kaufen? Vielleicht fragt sich das nicht nur er, sondern auch Du selbst. Wenn das der Fall ist, dann möchte ich Dir folgende Übung ans Herz legen:

Erarbeite Dir fünf Punkte, die **DICH** persönlich auszeichnen. Fünf Gründe, warum Dein Kunde gerade **DICH** als Geschäftspartner wählen soll. Was macht Dein individuelles Auftreten aus? Was sind Deine individuellen Stärken? Womit beeindruckst Du einen Interessenten auf positive Weise? Durch welches individuelle Merkmal gewinnt er Vertrauen in **DICH**? Was macht **DICH** ihm gegenüber sympathisch? Oder kurzum: Was genau macht **DICH** zu Deinem Produkt?

Beschäftige Dich mit dieser Frage ruhig ausführlich. Denke dabei an den Bezug zu Deinen Kunden und an seine emotionale Ebene. Deine Merkmale müssen nicht unbedingt alle in der Gegenwart liegen. Sie können teilweise auch Dein Auftreten in der Zukunft beschreiben. Damit setzt Du Dir konkrete Ziele und gibst in Gedanken bereits Deinen

Interessenten die Gelegenheit, von Dir überzeugt zu sein. Wichtig ist, dass Du Dir diese Punkte dann sozusagen einverleibst. Nicht nur im Kopf, sondern in Deinem täglichen Handeln und bei Begegnungen mit Deinen Kunden. Schritt für Schritt wirst Du ihrer **„emotionalen Insel“** näher kommen.

Stets gute Argumente für Dich auf der Zunge zu haben, nutzt Dir übrigens auch, wenn Dich Dein Kunde vielleicht überraschend danach fragt, z.B. direkt bei der Begrüßung nach dem Motto *„Schön, dass Sie da sind, aber warum sollte ich Ihnen zuhören? Was haben Sie, was andere nicht haben?“*

Wenn in dieser Situation zwei bis drei persönliche Mehrwerte wie aus der Pistole geschossen kommen, weiß Dein Kunde sofort, dass Du nicht nur weißt, was Du willst, sondern dass Du es auch kannst. Mach an dieser Stelle jedoch nicht den Fehler, direkt bei der Nutzenargumentation zu bleiben.

Vertröste den Kunden lieber auf einen späteren Zeitpunkt à la *„Mehr dazu gleich, zunächst möchte ich herausfinden, welchen Bedarf Sie überhaupt haben.“* Damit fühlt sich der Kunde umso ernster genommen und es zeigt ihm, dass Du Dich für ihn interessierst. Um Deine Mehrwerte zu formulieren, kann Dir folgende Nutzenmatrix eine gute Unterstützung sein. Wenn Du links die Eigenschaften Deines Produktes bzw. Deiner Dienstleistung einträgst, kannst Du mit der Formulierung in der Mitte Deinen individuellen Kundennutzen auf der rechten Seite definieren.

Dies hat den Vorteil, dass Du Dir selbst über Deine Mehrwerte Gedanken machst und sie personalisieren kannst. Wenn Du sie aufschreibst, kannst Du sie Dir zudem besser merken (90 Prozent von dem, was Du selbst tust) und Deinem Interessenten umso sicherer abrufen, wenn er Dich fragen sollte: *„Was haben Sie, was andere nicht haben?“*

Daneben kannst Du sie jederzeit vor einem Kundengespräch zur Sicherheit noch einmal anschauen, wenn Du dieses Buch in Deinem beruflichen Alltag dabei hast.

Übrigens, nicht zu vergessen bei der Formulierung Deines Kundennutzens: Sprich **„kundisch“**. Wähle einfache Begriffe statt Fremdworte. Formuliere aus der Sicht der Welt des Kunden.

Nutzenmatrix

Produkt / Dienstleistung	Nutzenformulierung	Kundennutzen
	bringt Ihnen	
	bedeutet für Sie	
	erhöht Ihr	
	schützt vor	
	spart Ihnen	
	sorgt für	
	verhindert	
	steigert Ihre	
	gewährt Ihnen	
	erleichtert Ihnen	
	senkt Ihre	
	stärkt	
	festigt Ihnen	
	ermöglicht Ihnen	
	maximiert Ihre	
	sichert Ihnen	
	stellen Sie sich vor	

Schlecht weht der Wind,
der keinen Vorteil bringt.

[William Shakespeare]

Kapitel 6

Einwände & Vorwände

Stell Dir folgende Situation vor: Du bist im Gespräch mit Deinem Interessenten. Mit zielgerichteten, überwiegend offenen Fragen konntest Du Dich erfolgreich über seine Bedürfnisse und Motive informieren. Dadurch konntest Du hinsichtlich Deines Angebots mehrere individuelle Vorteile für ihn herausfiltern. Diese persönlichen Nutzenargumente hast Du ihm genannt. Er hat angetan reagiert. Also müsste doch alles passen und er gleich unterschreiben.

Doch nun löchert er Dich mit solchen Fragen und Argumenten: *„Ich habe doch schon ein ähnliches Produkt." „Was passiert, wenn ein Artikel defekt ist?" „Ich kann bei einer Zusammenarbeit nicht länger als höchstens zwei Stunden auf Ihren Rückruf warten."*

Merkst Du was? Dein Gesprächspartner ist ernsthaft an Deinem Angebot interessiert. Es passt alles. Er möchte bloß schlussendlich von Dir überzeugt werden. Nun ist Geduld und der richtige Umgang mit Einwänden und Vorwänden gefragt.

Mit Einwänden, die mit seinem konkreten Alltag zu tun haben, verfolgt Dein Kunde vor allem das Ziel, mehr von Dir erfahren zu wollen. Würde er das tun, wenn er nicht interessiert wäre? Kaum. Sachliche Einwände sind vor allem klare Kaufsignale. Sonst würde er auf diese Fragen und Bemerkungen gar nicht kommen.

In Deinem Alltag ist die erfolgreiche Behandlung von Einwänden vielleicht häufiger gefragt, als Dir lieb ist. Denn im Grunde ist es wie beim Golf. Dort weißt Du vorher nie, wo der Ball genau landet. Du weißt auch nie mit Sicherheit, wie Dein Gegenüber auf Deine Fragen und Argumente reagiert. Mit der Einwandbehandlung bekommst Du dafür eine gute Gelegenheit zur Korrektur und mit Deinem Interessenten einig zu werden.

Insofern betrachte die Häufigkeit von ernsthaften Einwänden seitens Deines Gegenübers ruhig als Kompliment. Denn in dieser Situation bist Du gewissermaßen bereits auf dem Grün. Du musst den Ball „nur“ noch einlochen. Zu wissen, wie Du mit Einwänden effektiv umgehen kannst, wird Dich dabei unterstützen.

6.1. Wer will, sucht Wege – wer nicht will, sucht Gründe

So unterscheidest Du Einwände von Vorwänden

Im Gegensatz zum Einwand steht der Vorwand. Mit dem Vorwand versucht Dein Interessent Dir klarzumachen, dass ihn Dein Angebot nicht konkret interessiert. Zumindest nicht zu diesem Zeitpunkt und nicht in dieser Situation.

Bei sachlichen und zukunftsorientierten Einwänden geht es um ernstzunehmende Fragen, **WIE** Dein Interessent und Du zu einem gemeinsamen Ziel kommen könnt. Beim Vorwand geht es um Faktoren, warum Ihr nicht zu diesem Ziel kommen werdet. Wer will, sucht Wege. Wer nicht will, sucht Gründe.

Du kennst wahrscheinlich die Situation, wenn Du in der Fußgängerzone unterwegs bist und jemand möchte mit Dir eine Umfrage machen. Ich habe einmal bewusst beobachtet, wie die Passanten darauf reagieren, weil es mich interessierte. Die meisten sagten, sie hätten keine Zeit. Danach sitzen sie im Straßencafé. „Keine Zeit" ist so etwas wie der Generalvorwand. Er funktioniert immer. Zumindest glauben wir das.

Das effektivste Mittel gegen Vorwände lautet: Hinterfrage die Äußerung des Kunden. Zunächst für Dich und dann ihm gegenüber. Damit erfährst Du schnell, welchen Gehalt sie hat. Ist sie ein Vorwand oder ein sachlicher Einwand?

Wenn Dein Kunde an Deinem Angebot interessiert ist, wird er sich darauf einlassen, Dir den näheren Zusammenhang seiner Äußerung zu beschreiben. Handelt es sich um einen reinen Vorwand, wird er versuchen, davon abzulenken.

Eine gute Frage gegenüber Deinem Gesprächspartner kann z.B. sein: *„Wenn Sie daran interessiert sind, was braucht es, damit Sie überzeugt sind?“*

Geht Dein Kunde darauf mit einem konkreten Bezug zu Deinem Angebot ein, ist es für Dich eine gute Chance, noch mehr darüber heraus zu finden. Dann war möglicherweise Deine Präsentation noch nicht überzeugend genug oder Deine Bedarfsanalyse war suboptimal. Oder die derzeitige Situation des Kunden steht Deinem Angebot entgegen. Dann passt vielleicht nur der aktuelle Zeitpunkt nicht. Wie auch immer, mit Geduld und guten Fragen, ggfs. auch mit weiteren persönlichen Mehrwerten für Deinen Interessenten, wirst Du ermitteln können, inwieweit er mit Dir Wege finden will.

Lenkt er weiterhin ab und führt weitere Gründe an, die nichts mit Deinem Angebot zu tun haben, dann hast Du zumindest wieder an Erfahrung dazu gelernt. Nimm es locker. Es geht nicht um die Anzahl der Neins. Es geht nur darum, wie Du damit umgehst.

Nicht trotz der Vorwände eines Interessenten, sondern wegen dieser Vorwände bist Du auf dem Weg zu einer starken Verkaufspersönlichkeit. Denn je mehr Vorwände Du hörst, umso schneller kannst Du sie durchschauen und umso gelassener kannst Du sie behandeln.

Vorwände haben Hintertüren.

[Manfred Hinrich]

6.2. Nimm es nie persönlich
Über die wesentlichen Regeln für den Umgang mit Einwänden

Wie bereits erwähnt, sind ernsthafte Einwände Deines Interessenten kein Hindernis. Verstehe sie lieber als Serpentinen auf dem Weg zu einer langfristigen und erfolgreichen Geschäftsbeziehung mit ihm.

Hier sind einige Empfehlungen, die Dir dabei helfen werden, Deinen kritischen Kunden zu einem überzeugten Kunden zu machen:

- **Auf alle Einwände vorbereiten:** Setze Dich selbst mit Deinem Angebot auseinander. Wo sind Ansatzpunkte für kritische Fragen? Wenn Du Kritikpunkte schon vorher durchdacht hast, fällt es Dir umso leichter, auf den Einwand Deines Gesprächspartners zu reagieren.

- **Beschäftige Dich vor dem Termin kurz mit der individuellen Situation** Deines Interessenten und stelle Dir vor, was speziell er für Einwände haben könnte.

- **Erkenne Einwände in ihrem Gehalt:** Ein Einwand bezieht sich auf Dein Angebot, ein Vorwand lenkt davon ab.

- **Nimm Einwände niemals persönlich:** Ist ein Kunde kritisch, hat es nichts mit Dir zu tun, sondern damit, dass er sich mit Deinem Produkt oder Deiner Dienstleistung auseinander setzt.

- **Denke daran, was Dein Gegenüber überhaupt im Kopf behalten kann.** Auch wenn sein Einwand vorher schon Thema war, vielleicht ist es ihm einfach nicht mehr präsent. Dann sprich noch einmal mit darüber. Geduldig von Mensch zu Mensch.

- **Antworte ruhig, sachlich und freundlich.** Lass Dich nicht zu emotionalen Äußerungen, persönlichen Urteilen oder sogar zu Vorwürfen provozieren.

- **Verweile nicht länger als notwendig beim Einwand.** Sprich lieber einen individuellen Kundennutzen für ihn an. So behältst Du die Gesprächsführung in der Hand.

- **Verliere wegen eines Einwands nicht Dein Ziel aus den Augen.**

Wenn die Sonne nicht scheint, nehmen wir es manchmal sehr persönlich.

[Brigitte Fuchs]

6.3. Von der bedingten Zustimmung bis zur Judo-Methode

Die verschiedenen Arten im Umgang mit Einwänden

Die prinzipielle Bedeutung von Einwänden und die Grundregeln im Umgang mit Ihnen kennst Du bereits.Dann können wir nun praxisorientierter werden. Mit folgenden Methoden kannst Du erfolgreich mit Einwänden umgehen bzw. diese entkräften, so dass Du das Ziel einer gemeinsamen Geschäftsbeziehung erreichst:

Aktives Zuhören

Wie bei der Gesprächseröffnung und bei der Bedarfsanalyse ist auch bei der Einwandbehandlung mehr als nur Dein Ohr gefragt. Wie die Spiegelneuronen des Gesprächspartners Deine Körpersprache lesen, verarbeiten Deine Spiegelneuronen seine Körpersprache.

Nutze dieses Potential in Deinem Gehirn, aktiviere all Deine Sinne, um ihn zu verstehen. Hör ihm zu, unterbrich ihn nicht. Frage gezielt nach, wenn er seinen Satz beendet hat. Bei seinen Antworten und Äußerungen halte Blickkontakt zu ihm, lächle, nicke und zeige durch Deine Mimik und Gestik, dass Du Verständnis für ihn hast.

Einwände analysieren

Äußert Dein Kunde einen sachlichen Einwand, hat es eine bestimmte Ursache. Dies bedeutet, er beschäftigt sich mit Deinem Angebot in Bezug auf seine persönliche Lage. Mit gezielten Fragen – am besten mit offenen Fragen oder Kontroll-Fragen – erfährst Du den tatsächlichen Hintergrund für seinen Einwand. Ist dieser Einwand für Dich selbst neu, kannst Du es in doppeltem Sinn als positiv betrachten. Erstens bedeutet es, Dein Kunde ist interessiert. Zweitens erfährst Du wieder etwas Neues hinsichtlich Deines Produkts und etwaige

Schwachstellen Deiner Dienstleistung. Du kannst so oder so nur profitieren. Wenn Du den Einwand des Kunden vorher schon durchdacht hast, umso besser. Dann kannst Du ihm nun zeigen, dass Du Dir darüber auch schon Gedanken gemacht hast und Deinen Job ernst nimmst. Ebenso wie Deinen Kunden.

Kundennutzenorientiert antworten

Grundsätzlich kannst Du davon ausgehen, dass Kunden Deiner Argumentation nur zustimmen werden, wenn sie darin einen persönlichen Nutzen oder einen individuellen Vorteil für sich erkennen. Deshalb orientiere Dich daran, immer einen persönlichen Mehrwert für den Interessenten in Deine Reaktion auf einen Einwand einzubauen.

Minus-Plus-Methode

Äußert Dein Kunde einen Einwand, dann bestätige den Einwand. Anschließend biete ihm ein überzeugendes Argument, das ihm mehr Vorteile bietet, als sein geäußerter Einwand Nachteile aufzeigt.
Beispiel: *„Da haben Sie Recht, dass der Wettbewerb interessante Alternativen hat. Mit uns bzw. mir als Partner haben Sie allerdings folgende exklusive Vorteile … [persönliche Mehrwerte].“*

Vorbeugen-Methode

Hier baust Du den zu erwartenden Kundeneinwand bereits in Euer Gespräch ein. Wichtig ist, dass Du Teilargumente anbietest, die vom Kunden akzeptiert werden. Damit nimmst Du dem Kunden eine Last von der Seele, wenn Du ihm das Gefühl geben kannst, an seine Situation vorher schon gedacht zu haben. Beispiel: *„Sie meinen vielleicht, dass die Lieferzeit zu lange sein könnte?“*

Ja-Aber-Methode

Stimme dem Kunden bedingt zu. Lasse ihm jedoch Raum für Vorbehalte. Dann ergänze Deinen Standpunkt. So kannst Du seinen Einwand in kleinen Schritten entkräften. Oftmals geht es dem Kunden gar nicht unbedingt um den Einwand an sich. Beispiel: *„Dies ist ein wichtiger Punkt. Ich kann Ihnen an dieser Stelle nur zustimmen, aber ... !“*

Judo-Methode

Damit kehrst Du einen Einwand durch positive Argumente in einen Vorteil um. Nutze hierfür den Schwung des geäußerten Einwands für Deinen „Gegenangriff“. Beispiel: *„Gerade weil... ist unser Produkt genau das richtige für Sie.“* Oder aus meiner Sicht: *„Gerade die hohe Zahl an Verkaufstrainern zeigt ja, dass es in diesem Bereich einen enormen Bedarf gibt. Und mit mir bekommst Du jemanden mit reichhaltiger und authentischer Praxiserfahrung als Trainer und Verkäufer.“*

Verzögerungs-Methode

Hiermit verschiebst Du eine Antwort auf einen geeigneteren Zeitpunkt. Biete dem Kunden dafür an, Dich mit dem Thema des Einwands zu beschäftigen. Beispiel: *„Das ist ein wichtiger Punkt. Das muss ich jedoch zunächst recherchieren. Wann kann ich mich melden? Am Dienstag um 11 Uhr oder lieber am Donnerstag um 14 Uhr?“*

Überzeugung ist die schärfste Waffe gegen Beratungs-Resistenz.

[Horst Reiner Menzel]

Kapitel 7

Der Verkaufsabschluss

Nun kommen wir zu Deinem Ziel im Kundenkontakt:
Der Verkaufsabschluss.

Wenn Dein Kunde den Auftrag schreibt oder Dein Produkt kauft, ist es **DAS** Ereignis, auf das Du hingearbeitet hast. Es belohnt Dein Engagement, das Du schon in der Vorbereitung gezeigt hast. Es honoriert die Geduld, mit der Du während der Bedarfsanalyse Deinem Gesprächspartner die richtigen Fragen gestellt hast. Es entschädigt Dich für die Nerven, die er Dich mit seinen vielen Einwänden eventuell gekostet hat.Nun möchtest Du die Früchte Deines Handelns gerne ernten. Denn dafür hast Du sie gesät. Schließlich bist **DU** nicht nur das Produkt Deines Schweißes der Anstrengung, sondern vor allem Deines Könnens und Deiner Motivation. Deshalb hast Du den Erfolg verdient. **DU** und nicht nur das Produkt oder die Dienstleistung, für die Du täglich unterwegs bist.

Bevor Du mit Deinem Kunden einig bist und seine Unterschrift Dein Auftragsbuch bereichert, gilt es noch einige Dinge zu beachten. Denn Du bist zwar – sozusagen – auf der Zielgeraden, aber das Rennen ist noch nicht vorbei. Auf den letzten Metern vor dem Verkaufsabschluss lässt sich immer noch einiges falsch, dafür auch sehr viel richtig machen.

7.1. Win-Win ist King

Warum Du stets die optimale Lösung für beide Seiten anstreben solltest

Stell Dir die konkrete Situation bei Eurem entscheidenden Termin vor: Dein Interessent ist von Deinen persönlichen Mehrwerten überzeugt. Sie passen bestens zu seinen Bedürfnissen. Dein individueller Nutzennutzen verbessert sogar einen Aspekt in seiner Situation, an den Dein Gesprächspartner bisher noch gar nicht gedacht hat. Und zwar erheblich.

Dein Kunde ist also glücklich. Zumindest macht er auf Dich diesen Eindruck. Dann kannst Du die Sache also nun schnellstmöglich beenden, ihn zackig unterschreiben lassen und ruckzuck von dannen ziehen. Oder? Nein. Niemals.

Wie bereits am Anfang erwähnt, ist die wesentliche Priorität, dass Dein Kunde wiederkommt. Nicht Dein Produkt oder Deine Dienstleistung. Deshalb besteht nicht der geringste Anlass für einen übereilten Abgang. Auch wenn Dein nächster Termin vielleicht schon ansteht, ruf lieber dort an und sag, dass Du etwas später kommst. Das zeigt Deinem Kunden umso mehr, dass Du ihn auch dann wertschätzt, wenn er schon unterschrieben hat. Neben fachlichen Aspekten ist persönliche Wertschätzung die beste Basis für eine fruchtbare und langfristige Zusammenarbeit.

Von überschäumender Euphorie vor Ort rate ich im Zuge Deines Verkaufsabschlusses ebenfalls ab. Feiern oder Deine Freude heraus schreien kannst Du nach Feierabend bzw. wenn Dich der Kunde nicht mehr sieht. Betrachte es aus der Sicht Deines Gegenübers: Ist er etwa Dein erster Kunde? Hast Du sonst keinen Grund zu Freude? Bist Du noch bei Dir? Bist Du noch bei ihm?

Nach 20 Jahren im Vertrieb lautet meine Empfehlung für den Verkaufsabschluss eindeutig: Locker bleiben. Ohne überschäumende Euphorie. Ohne Hast und Eile. Dafür mit einem authentischen Lächeln und vor allem mit einer guten Lösung beide Seiten. Oder wie es heutzutage gerne heißt: Win-Win.

Warum Win-Win? Erstens bist nicht nur Du für Deinen Erfolg verantwortlich, sondern auch Dein Kunde. Gut, Du hast ihn von Deinem Angebot überzeugt, denn Dein Auftreten war überzeugend. Doch vergessen wir nicht: Dein Kunde hat sich darauf eingelassen. Er hat sich auf **DICH** eingelassen. Schon vom ersten Moment an, als er den Termin bestätigt hat. Das hätte er nicht tun müssen. Er hat Dir Zeit geschenkt. Wertvolle Zeit. Nun schenkt er Dir mit seiner Unterschrift sein Vertrauen. Warum solltest Du sein Vertrauen enttäuschen wollen? Du hast wesentlich mehr davon, wenn Du sein Vertrauen bestätigst.

Denke ein, zwei Schritte weiter. Was hättest Du davon, wenn Dein neuer Geschäftspartner seinen Kauf bzw. seine Unterschrift am nächsten Tag bereut? Er kann den Auftrag stornieren. Wenn dies ausgeschlossen ist – aus welchem Grund auch immer – wirst Du nur kurzfristig glücklich sein. Erstens sprechen sich Dinge herum und spätestens beim dritten Empfänger sind Informationen noch viel dramatischer, als sie wirklich sind. Zweitens ist ein zufriedener Kunde immer besser als ein unzufriedener. Denn er wird seine Zufriedenheit ebenso weiter tragen wie seine eventuelle Unzufriedenheit. Wenn Du schon im Handel tätig bist, dann weißt Du, dass viele Geschäfte auf Empfehlungen basieren. Frei nach dem Motto „Ich kenne da jemanden, der jemanden kennt, der jemanden kennt..." Insofern können aus einem zufriedenen Kunden schnell drei zufriedene Kunden werden. Deshalb ganz klar: **Win-Win**.

Win-Win hat auch viel mit Entgegenkommen zu tun. Vielleicht ist Dein Kunde mit einem Aspekt Deines Angebots noch nicht ganz zufrieden. Dann biete ihm an, dies noch zu optimieren. Auch wenn er seine Unterschrift vielleicht schon geleistet hat. Es zeugt einfach von Deiner Wertschätzung ihm gegenüber. Umso eher wird er bereit sein, Dir auch einmal entgegen zu kommen.

Es geht dabei übrigens nicht um das Prinzip „Eine Hand wäscht die andere“. Es geht vielmehr darum, dass Ihr Euch die Hände gereicht habt und eine langfristige Geschäftsbeziehung anstrebt. Dafür macht es einfach Sinn, wenn Ihr beide lernt, dass Ihr Euch aufeinander verlassen könnt. In diesem Sinn: Win-Win.

Das Vertrauen zueinander braucht die Achtung voreinander.

[Ernst Ferstl]

7.2. Dein Kunde ist König, aber Du bist nicht sein Untertan

Warum es wichtig ist, sich auf Augenhöhe zu bewegen

Damit Win-Win auch für Dich gilt, ist es zu empfehlen, dem Kunden gegenüber klare Grenzen zu ziehen. Natürlich auf freundliche, menschliche und sachliche Art.

Vielleicht kennst Du diese Situation schon aus eigener Erfahrung. Wenn nicht, dann wirst Du sie vielleicht noch kennenlernen, wenn Interessenten auf den letzten Drücker versuchen, noch mehr als das Besprochene für sich heraus zu holen.

Im Prinzip habt Ihr alles vereinbart. Der Kunde ist überzeugt von Deinem Angebot. Aus irgendeinem Grund hat er doch noch ein Detail, das er nachverhandeln will oder kommt plötzlich mit einer zusätzlichen Forderung auf Dich zu.

Dann heißt es für Dich, abzuwägen. Lässt Du Dich überhaupt darauf ein? Lässt Du Dich nur ein bisschen darauf ein? Oder machst Du alles mit, um den Kunden zufrieden zu stellen?

Von der letzten Variante rate ich ab. Verhandlungen gehören zwar zum Geschäft. Ebenso wie Kompromisse und Zugeständnisse. Ich warne jedoch vor übertriebenen Zugeständnissen. Denn machst Du dies mit, hat Dich der Kunde in der Hand. Dann werden Deine Zugeständnisse kein Ende nehmen. Er wird immer wieder mit neuen Kleinigkeiten kommen. Warum? Weil Du Dich darauf eingelassen hast. Dann tut er im Grunde nur das, was er bei Dir gewohnt ist. Ich bezweifle, dass Dich das glücklich machen würde. Das würde Dir eher die Nerven rauben. Das wäre kein Win-Win.

Gehe von Dir selbst aus. Hast Du lieber mit einem starken oder schwachen Geschäftspartner zu tun? Oder anders gefragt: Wie werden sich seine Leistungen entwickeln, wenn Du ihn schwach machst? Davon habt Ihr beide nichts. Das wäre Lose-Lose.

Eine solche Situation zeigt sich z.B. an folgenden Merkmalen:

- Der Kunde möchte den Preis drücken
- Er erwartet mehr Leistungen von Dir zum gleichen Preis
- Er kritisiert Dein Produkt bzw. Deine Dienstleistung aus nicht nachvollziehbaren Gründen

Um ein Ziel für beide Seiten zu finden, kannst DU folgendermaßen vorgehen. Zunächst analysiere für Dich selbst:

- Was ist der konkrete Anlass für Dein Gefühl?
- Wie kam es dazu?
- Welche Lösungen kannst Du ihm anbieten, damit die Zusammenarbeit für Dich weiterhin interessant bleibt?

Anschließend kontaktiere Deinen Kunden. Idealerweise trefft Ihr Euch. Bei einem persönlichen Treffen lassen sich Unklarheiten am besten ausräumen. Da könnt Ihr Euch in die Augen schauen. Ist dies nicht möglich, dann ruf ihn an. Ein tatsächliches Gespräch ist besser als per E-Mail oder Post.

Beschreibe Deinem Gegenüber auf sachliche und menschliche Art, was Dir nicht gefällt. Vermeide dabei Vorwürfe oder Mutmaßungen. Sag ihm aus Deiner Sicht, warum die Situation für Dich schwierig ist und biete ihm einen konkreten Lösungsvorschlag an. Darauf wird er reagieren und seine Sicht der Dinge schildern. Vielleicht hast Du ja auch Deinen Teil dazu beigetragen, ohne Dir darüber bewusst zu sein. Dann sprecht darüber. Probleme sind dafür da, dass sie gelöst werden. Wir sind alle nur Menschen. Wir machen Fehler. Doch das Schöne ist: Wir können daraus lernen.

In einer erfolgreichen langfristigen Geschäftsbeziehung bewegen sich beide Seiten auf Augenhöhe. Dann muss sich keiner verbiegen, wenn er mit den Augen des anderen schaut.

Die Brücke der Begegnung heißt: Entgegenkommen.

[Alfred Rademacher]

7.3. Der Schnelldurchlauf
So fasst Du die Vereinbarung mit Deinem Kunden effektiv zusammen

Wenn Du zu den „älteren Semestern" gehörst, kannst Du Dich bestimmt noch an die ZDF-Hitparade mit Dieter Thomas Heck erinnern.

Nachdem alle Interpreten ihren Auftritt hatten, konnten die Zuschauer anrufen und per Telefon ihre Wertung durchgeben, welche Darbietung ihnen am besten gefallen hat. Dafür gab es kurz vorher den sogenannten Schnelldurchlauf. Alle Stücke wurden noch einmal kurz angespielt bzw. gezeigt. Dies war für die Anrufer immer eine große Hilfe. Denn kaum jemand konnte sich noch an alle Auftritte erinnern. Bei modernen Voting-Shows im Fernsehen ist es ähnlich. Ich hebe das Beispiel der Hitparade nur besonders hervor, weil es am besten verdeutlicht, warum eine Zusammenfassung der Ereignisse auch beim Verkaufsabschluss wichtig ist.

Wie Du bereits gelesen hast, kann sich Dein Kunde nur 10 Prozent von dem merken, was Du ihm sagst. Dafür immerhin 70 Prozent von dem, was er selbst sagt und 90 Prozent von dem, was er selbst macht. Auf dem Weg zum Verkaufsabschluss passiert so viel – von der Begrüßung und der Bedarfsanalyse über Deine Nutzenargumentation und die Einwandbehandlung – bis zu dem Moment, in dem ihr euch einig seid. Dein Gegenüber kann sich gar nicht alles merken, worüber Ihr gesprochen habt. Das muss er auch gar nicht. Wichtig ist, dass **DU** es Dir merkst.

Damit Ihr auf demselben Wahrnehmungsstand bleibt, ist es wichtig, dass Du die besprochenen Dinge dem Interessenten gegenüber kurz zusammenfasst, bevor er das Produkt kauft oder Deine Dienstleistung beauftragt. So vermeidest Du unliebsame Überraschungen nach eurer Vereinbarung, weil Dein Kunde vielleicht etwas Wichtiges gar nicht mitbekommen hat. Es gibt ihm auch ein gutes Gefühl, dass Du Deinen Job professionell machst und seine persönliche Situation berücksichtigst.

In Deiner Zusammenfassung sollten folgende Aspekte enthalten sein:

- Dein spezielles Angebot
- Der individuelle Nutzen für Deinen Kunden
- Die wesentlichen Punkte eurer Vereinbarung (Was habt Ihr beschlossen?)
- Ein kurzer Ausblick, wie es nun konkret weiter geht (Wer macht was?)

Konkret könnte sich die Zusammenfassung so anhören – natürlich bezogen auf Dein Produkt bzw. Deine Dienstleistung:

„Gut, Frau/Herr XY, ich fasse dann kurz zusammen: Mit unserem Produkt / unserer Dienstleistung bieten wir Ihnen ... [persönlicher Mehrwert]. Das bedeutet für Sie, dass ... [individueller Vorteil für den Kunden]. Deshalb haben wir vereinbart, dass ... [Kernpunkte eurer Vereinbarung]. Ich werde nun ... [was Du konkret tun wirst, z.B. Auftragsbestätigung veranlassen, die Lieferung beauftragen, etc.] während Sie... [was ggf. der Kunde tun wird]. Wie denken Sie darüber?“

Natürlich musst Du nicht so schematisch vorgehen. Das dargestellte Muster kann Dir aber helfen, Dein Gespräch zu strukturieren.

Abschied lehrt Charakterkunde.

[Peter Rudl]

7.4. Auf Wiederschön!

Wie Du dafür sorgst, dass Dein Kunde Dich in positiver Erinnerung behält

Eine gelungene Verabschiedung vom Kunden ist mindestens genauso wichtig wie ein guter Einstieg. Dies gilt gleichermaßen für erfolglose wie erfolgreiche Gespräche.

Zeig Deinem Gesprächspartner, dass das Gespräch für Dich interessant und angenehm war, dass es Deine Zeit bereichert hat. Dein Gesprächspartner soll Dich in positiver Erinnerung behalten.

Deine Verabschiedung von heute ist immer die Grundlage für Euer Gespräch von morgen und damit die Basis einer erfolgreichen, langfristigen Geschäftsbeziehung.

Insofern ist Dein letzter Eindruck für Deinen Kunden genauso wichtig wie Dein erster Eindruck. Wenn Euer Gespräch gehaltvoll war, Du Neues von ihm und er Neues über Dich erfahren hat, ihr vielleicht persönliche Gemeinsamkeiten entdeckt habt – auch abseits vom reinen Geschäft – kann der letzte Eindruck sogar noch wichtiger sein als der erste.

Dann beschäftigt sich Dein Gesprächspartner bereits mit der Zukunft Eurer Zusammenarbeit. Nicht nur auf beruflicher, sondern auch auf zwischenmenschlicher Ebene. Spätestens ab dem Moment, wenn er Dich nicht mehr sieht. Dann bist Du zwar aus seinen Augen, aber noch lange nicht aus seinem Sinn. Im Gegenteil, Ihr trefft Euch ja wieder.

Was Dein Interessent in seiner eigenen Welt ohne Dich erlebt, kannst Du nicht beeinflussen. Dafür hast Du umso mehr Einfluss darauf, was er mit **DIR** erlebt. Und vor allem, **WIE** er es erlebt.

Deshalb ist meine Empfehlung: Gehe vom Kunden weg, wie Du zu ihm kamst. Und wie Du es Dir umgekehrt wünschen würdest, wenn Du einen Menschen triffst, der Dich beeindruckt.

Wenn Du magst, kannst Du eine sprachliche Klammer zu Deiner Einstiegsfrage bei der Begrüßung bilden. Dann behält Dich Dein Gesprächspartner umso besser im Gedächtnis. Mit dem Beispiel *„Was kann ich tun, damit Ihr Tag noch besser wird?“* hört Dein Kunde dann von Dir bei der Verabschiedung: *„Jetzt freue ich mich sehr darüber, dass Ihr Tag tatsächlich besser geworden ist. Und meiner auch.“* Doch wie gesagt, das ist nur ein Beispiel. Hauptsache, Deine Sprache entspricht Deiner Persönlichkeit und das, was Du sagst, zeigt, wie Du bist. Authentisch bleiben, heißt die Devise. Beim Kommen und beim Gehen.

DU bist nicht nur das Produkt. **DU** bist auch das Fernglas des Kunden für Euren gemeinsamen Blick nach vorne. **DU** bist das Programm für Eure gute und langfristige Geschäftsbeziehung.

Da liegt es doch nur nahe, dass Du ihm einen Grund dafür gibst, sich auf Euer persönliches Programm zu freuen.

Leben ist das Einatmen der Zukunft.

[Pierre Leroux]

Kapitel 8

Ausblicke & Impulse

Eine ähnliche Wichtigkeit wie die Vorbereitung hat die Nachbereitung Deiner Kundengespräche. Denn: Nach dem Gespräch ist vor dem Gespräch. Jeder Dialog mit einem Interessenten kann Dir in der Nachbetrachtung zeigen, wo Deine Stärken und wo Deine Schwächen liegen. Vor allem kannst Du Dein eigenes Potential erkennen, also die Bereiche Deines Auftretens mit der berühmten „Luft nach oben". Denn niemand kann diese besser spüren als Du selbst. **DU** bist Dein Produkt. Und das bezieht sich auch auf Deine eigene Initiative dafür, jeden Tag etwas besser zu werden.

Vielleicht bist Du Dir ja auch noch gar nicht voll bewusst darüber, wie Du auf andere Menschen wirkst. Oder Du glaubst es nur. Die

Selbstwahrnehmung und die Fremdwahrnehmung unterscheiden sich manchmal erheblich.

Die Nachbetrachtung Deiner Gespräche ist ein wirkungsvolles Mittel, um Dir selbst auf die Spur zu kommen. Umso gewinnbringender wird Dein Auftreten in Zukunft sein. Es fordert nur etwas Engagement und ein wenig Offenheit dafür, um auf Deine eigene **„Insel“** zu kommen. Insofern ist die Nachbereitung nichts anderes als Deine eigene Potentialanalyse.

Nur Mut, schau Dir ruhig an, was Du selbst tust bzw. betrachte es im Nachhinein. Wenn Du merkst, wo sich Deine „Luft nach oben“ befindet, wirst Du die persönliche Bedarfslücke umso leichter schließen können. Dies ist Dein individueller Mehrwert der Nachbereitung in Richtung Deines eigenen Mehrkönnens.

Insofern ist es bei jedem Kundenkontakt wie mit diesem Buch. Er kann Dir gute Denk- und Handlungsanstöße bieten. Was Du daraus machst, ist alleine Deine Sache.

Im Folgenden findest Du einige Empfehlungen und Übungen, die Dich dabei unterstützen werden, Dein Auftreten zu optimieren und von Dir selbst zu lernen.

8.1. Feedback in eigener Sache

Wie Du Dich selbst überprüfen und optimieren kannst

Eine wesentliche Technik für Deine Selbstoptimierung ist das schriftliche Festhalten neu gewonnener Informationen. Diese neuen Erkenntnisse können sowohl Dich selbst als auch Deinen Gesprächspartner betreffen. Was weißt Du Neues über ihn und seine Bedürfnisse? Worauf legt er besonderen Wert? Was sind seine wesentlichen Anforderungen in Bezug auf Dein Produkt oder auf Deine Dienstleistungen. Wenn Du Dir nach einem Gespräch alles im Kopf merken kannst, ist das eine gute Sache. Wenn Du auf Nummer sicher gehen willst, empfehle ich Dir jedoch, einige kurze Stichpunkte aufzuschreiben. Dann kannst Du ein paar Tage später Deinen persönlichen Nutzen für ihn umso besser entwickeln (falls dies im letzten Gespräch noch ein offener Punkt war). Denn wie Du jetzt weißt: Du behältst nur zehn Prozent von dem, was Du hörst. Dafür immerhin 90 Prozent von dem, was Du selbst tust.

Mit diesen Feedback-Fragen kannst Du Deine Termine effektiv nachbereiten:

- Habe ich mein Ziel erreicht?
- Was ist mir gut gelungen?
- Habe ich eine positive Atmosphäre geschaffen?
- Habe ich offene Fragen gestellt?
- Wie waren die Gesprächsanteile?
- Was kann ich wie für das nächste Gespräch verbessern?

Vorher weiß man es erst hinterher.

[Erhard Bellermann]

8.2. Übung macht den Meisterverkäufer

Wie Du Deine Frage-Technik und Deine Nutzenargumente trainieren kannst

Wie Du weißt, besteht Deine Kommunikation nicht nur aus dem, was Du sagst, sondern auch aus Deiner Körpersprache.

Das bedeutet: Je stärker Du beherrscht, was Du sagst, umso besser wird das **WIE** und somit auch Deine Körpersprache. Sie passt sich Deiner Stimmung an. Wenn Du Dir unsicher darüber bist, was Du sagen oder fragen sollst, zeigt sich dies möglicherweise in einer abwehrenden Haltung.

Wenn Du Dein Repertoire an Fragen und Nutzenargumenten auf Abruf bereit hast, kann sich Deine Körperhaltung umso mehr entspannen. Sie wird positiv, geschmeidig und authentisch. Dies macht immerhin 55 Prozent Deiner Ausstrahlung aus.

Wie an manchen Stellen im Buch schon erwähnt, ist Übung die halbe Miete für Dein positives Auftreten.

Deine Frage-Technik und Deine Nutzenargumente kannst Du zunächst für Dich selbst optimieren. Überlege Dir Fragen und Mehrwerte und schreibe sie am besten auf. Dann kannst Du sie Dir besser merken.

Im nächsten Schritt empfehle ich, Deine Frage-Technik und die Mehrwerte mit Deinem Partner, mit Kollegen oder mit anderen vertrauten Menschen zu üben. Damit trainierst Du nicht nur Deine tatsächliche Kommunikation. Denn vor dem Kunden zu stehen, ist noch einmal etwas anderes als gute Fragen nur im Kopf zu haben. Außerdem kann Dir Dein Gegenüber bei der weiteren Optimierung der Fragestellung oder Deiner Argumente helfen. Es ist immer gut, direktes Feedback zu bekommen und vertraute Menschen sagen Dir nützliche Dinge, die Dein Kunde Dir möglicherweise nicht sagt, aber denkt.

Besonders aufschlussreich kann es übrigens sein, wenn Du Dich auf Video siehst. Das kannst Du selbst machen, indem Du gegenüber von Dir eine Kamera platzierst. Dafür brauchst Du nicht einmal eine Videokamera. Das geht auch mit Deinem Smartphone. Wenn Du Dich selbst siehst, bekommst Du umso mehr ein Gefühl für Deine eigene Körpersprache und kannst entsprechend daran arbeiten, sie zu verbessern.

Was Deine Frage-Technik angeht, kannst Du z.B. drei Tage lang nur W-Fragen, also offene Fragen üben. Anschließend kümmerst Du Dich einen Tag um Kontroll-Fragen. Dies schärft Dein Gefühl für die verschiedenen Frage-Formen.

Ansonsten gilt: Üben, üben, üben, dann kommen die richtigen Fragen und überzeugende Nutzenargumente früher oder später wie aus der Hüfte geschossen.

Eines solltest Du auf keinen Fall vergessen: Von der Qualität Deiner Fragen hängt die Qualität der Antworten Deiner Kunden ab. Je mehr gute Nutzenargumente Du hast, umso weniger Einwände haben Deine Kunden.

Erfolg ist ein Geschenk –
eingepackt in harte Arbeit.

[Ernst Ferstl]

8.3. Carpe Daimler

Nutze die Fahrt: Wie Du auf dem Weg zum Kunden Deine Erfolgschancen vergrößern kannst

Zum Abschluss noch ein weiterer praktischer Tipp, den ich mit einer kurzen Anekdote aus meinem eigenen Leben als Außendienstler einleiten möchte.

Als ich noch recht frisch im Geschäft war, habe ich mir überlegt, wie ich Fragen und persönliche Mehrwerte üben könnte. Im Auto war es mir meistens langweilig. Mobiltelefone gab es damals noch nicht. Hörbücher schon gar nicht. Im Radio kam auch selten etwas, das mich näher interessierte.

Also bastelte ich mir Karteikarten. Auf die einen schrieb ich Fragen, auf die anderen Nutzenargumente. Diese Karten nahm ich dann ins Auto mit und klebte immer eine davon an das Armaturenbrett über dem Radio.

So hatte ich immer eine Frage im Blick, wenn ich an der Ampel stand oder zwischendurch kurz darauf schaute. Je nachdem, welcher Kunde mein nächster war, ersetzte ich die Fragen-Karte mit einer Mehrwert-Karte. Was auf der Karte stand, sprach ich laut aus. So trainierte ich mich selbst.

Und was glaubst Du, was neben den Karten am Armaturenbrett hing? Das Foto vom Strand, das ich für die Rückseite meines Namensschildes verwendet hatte.

Für Deine eigene Laufbahn und für den Weg zu Deinen inneren Zielen bist Du nun schon einmal acht Schritte weiter und ich bin stolz auf Dich, dass Du es bis hierher geschafft hast.

Deinem Kopf konnte ich hoffentlich einige praxisorientierte Denkanstöße geben. Jetzt liegt es an Dir, diese umzusetzen.

Ich wünsche Dir viel Erfolg mit **DIR** als Deinem Produkt.

Dein
Dirk Schmidt

www.dirkschmidt.com

Für Anfragen zu Vorträgen oder Seminaren erreichst Du mich unter:
service@dirkschmidt.com

SIEG

Wie oft schon hörte ich dich sagen,
du würdest große Dinge wagen.

Wann glaubst du kommt der große Tag.
da endet alle Müh und Plag,

da du zu großen Taten schreitest,
und da du selbst dein Schicksal leitest?

Und wieder ging ein Jahr vorbei
Doch nie warst du, mein Freund dabei,

wenn's galt, nun endlich zuzugreifen,
damit auch deine Früchte reifen.

Woran es liegt? Erklär es nur!
Du hattest Pech? Ach, keine Spur!

Wie immer einzig und allein, lag's nur
an dir, an dir allein.

Schau nur auf deine Hände bloß
- sie liegen schlaff in deinem Schoss.

Statt endlich, endlich doch zu handeln,
um alles in dir umzuwandeln!

[Herbert Kauffmann]

Schritt für Schritt, Stufe für Stufe zum Verkaufserfolg

Je weiter Du nach oben kommst, desto schierieger wird es. Doch wenn Du siehst, was Du schon geschafft hast, fällt es leichter.

Stufe 1: Ziele definieren

Was will ich eigentlich genau?

Du spürst eine Sehnsucht, die Dir keine Ruhe lässt? Grummelst undefinierbar unzufrieden vor Dich hin? Hast ein Defizit an Dir selbst entdeckt, das mal weg müsste? Du willst Dich schon seit Längerem verändern? Oder hast einfach Lust auf Neues? Dann leg los.

Was ist zu tun?
Erzähle Dir selbst oder jemand anderem, was Du gerne erreichen würdest. Schreibe es zusätzlich auf. Definiere Dein Ziel – und zwar nur als positives Anstrebungsziel. Zuerst für Dich selbst – und später auf eigenen Wunsch auch für den Rest der Welt oder für ein ausgewähltes Publikum, das Dein Vorhaben vermutlich unterstützt.

Stufe 2: Einen Plan erstellen

Ich mache das jetzt so

Probiere nicht zu lange herum, was geht und was nicht, um nur aus Versuch und Irrtum in Kombination mit Selbsterfahrung schlauer zu werden. Das führt zu hohen Reibungsverlusten. Erarbeite Dir lieber einen soliden Plan. Der darf nicht zu viel und nicht zu wenig verlangen, muss kleine Erfolge schnell messbar und große bald sichtbar machen. Klare Ansagen und Pflichtfelder zum Abhaken sind besser als hundert Selbstbedienungs-Angebote, bei denen schon der Vorgang Auswählen zum Energiefresser wird. Fange innerhalb von 72 Stunden an.

Was ist zu tun?
Am Ende dieses Schrittes sollte ein klarer Maßnahmen-Katalog vorliegen. Das kann eine Aufzählung von Handlungen sein, die Du in den nächsten Wochen und Monaten durchführen willst. Oder Du erarbeitest Dir eine klassische To-do-Liste.

Stufe 3: Leichter ans Ziel

Ich trete mit Leidenschaft und Willenskraft an

Wunderbar, wenn Du etwas mit Leidenschaft tust. Gibt es Dinge, die Du so gerne machst, dass Du dabei die Zeit vergisst? Herausforderungen, die Du beruflich mit so viel Herzblut erledigst, dass Du sie auch ohne Geld in Angriff nehmen würden? Dann musst Du diesen alten Leidenschaften nachgehen oder entwickele neue, die Dich auf dem Weg zum Ziel begleiten.

Was ist zu tun?
Baue möglichst viele Deiner Leidenschaften in Deine To-do-Liste ein. Wenn Dir spontan nichts einfällt, was Du so richtig gerne machst, musst Du deshalb nicht aufgeben. Mit Training und Disziplin können auch bisher wenig beliebte Tätigkeiten zum netten Hobby werden. Du musst nur mit hundertprozentiger Aufmerksamkeit und Willensstärke antreten. Sobald sich erste Erfolge einstellen und etwas gut läuft, macht es auch Spaß.

Stufe 4: Hindernislauf

Ich räume Hürden aus dem Weg

Wenn es mal nicht weitergeht, stelle Dir Fragen: An welcher Stelle kommen Deine guten Vorsätze abhanden? Wo schwächelt der Wille im Kampf gegen den Schweinehund? Wann fallen Deine inneren Stimme Argumente ein, bei denen Du nicht kontern können?

Was ist zu tun?
Sei bereit, flexibel Zeiten, Orte, Voraussetzungen und Grundsätze zu ändern, wenn Hürden zu hoch erscheinen. Verändere Gewohnheiten auch in anderen Bereichen Deines Lebens, denn dann merkst Du, dass es durchaus erfrischend und motivierend sein kann, mal etwas anders zu machen als bisher. Laufe nicht zu lange gegen Hindernisse, sondern springe drüber oder räume sie aus dem Weg.

Stufe 5: Technik Training

Ich übe, übe, übe

Neue Begriffe, schwierige Vokabeln, energieeffiziente Bewegungsabläufe, schmerzfreies Aufraffen, am Platz bleiben, wenn andere gehen oder Klaviertasten treffen – die richtige Technik muss trainiert werden. Vertraue sicherheitshalber nicht auf Dein Talent. Wenn Du zufälligerweise eins hast, nimm es mit. Behaupte aber nicht: *„Dafür fehlt mir das Talent. Das lasse ich lieber“.* Denk dran: Als Talent kann jeder auftreten, der ein bisschen mehr tut als andere, ein bisschen weniger schnell aufgibt, etwas konsequenter dranbleibt, eine halbe Stunde länger trainiert und auch weiter ackert, wenn's mal nicht auf Anhieb klappt.

Was ist zu tun?

Setze auf die ganz soliden Klassiker wie Fleiß, Ausdauer, Disziplin und die nötige Willensstärke. Wenn die Kraft trotzdem nachlässt, feuer Dich selbst an: Absolviere zum Beispiel ein Mentaltraining, nimm an Motivationsförderungs-Maßnahmen teil oder lese mal wieder ein Verkaufsbuch wie dieses.

Stufe 6: Positive Gedanken herausholen

Mir gelingt das

„Ich trete nur an, wenn ich ausschließlich perfekte Ergebnisse liefern kann. Ich schaffe das sowieso wieder nicht. Die anderen sind viel besser. Ich bin ja schon so oft gescheitert.“ Solche so genannten limitierenden Gedanken verhindern jeden Erfolg.

Was ist zu tun?

Radiere die mentalen Selbstzerstörer aus Deinem Gedächtnis und lege Dir statt dessen einen positiven Gedankenvorrat an Sätze wie: *„Mir gelingt das. Ich bin erfolgreich. Ich schaffe das. Ich habe schließlich schon ganz andere Sachen hingekriegt“* hört unser Gehirn viel lieber. Also überschütte Dich ruhig damit.

Stufe 7: Visualisieren

Ich habe einen Traum

Lasse Deine Träume tanzen. Nimm sie mit – als Begleiter durch den Alltag und als Einschlafhilfe mit ins Bett. Visualisiere Deine Ziele. Male Dir aus, wie großartig Du demnächst auf der Bildfläche des Lebens erscheinen wirst. Schöner, schlanker, schlauer, laufend beim Marathon, schnaufend hinter der Ziellinie, wedelnd mit einer Umsatzkurve, die steil nach oben geht, endlich auf dem Chefsessel, als Medaillengewinner, Top-Verkäufer oder als Betreiber der eigenen Firma.

Was ist zu tun?
Raus aus den düsteren Gedanken der Gegenwart. Nimm Dir so oft wie möglich mentale Auszeiten für schöne Träume. Nutze Mini-Pausen wie zum Beispiel eine Busfahrt oder Wartezeiten für Dein Kopfkino und schalte mal nicht sofort das Smartphone an, wenn sich mal ein paar Minuten Leerlauf ergeben. Je öfter, desto besser.

Stufe 8: Pausen statt Multitasking

Ich tanke Energie

Je mehr ich mache, desto schneller bin ich am Ziel – diese Strategie kann leicht nach hinten losgehen, wenn Du Mehr-Machen mit pausenlosem Multitasking verwechselst. Zum Energietanken auf dem Weg zum Erfolg brauchst Du Pausen. Boxenstopps für Herz und Hirn. Feste Zeiten fürs Gedanken-Hängenlassen, Pläne-Machen und Rückschau-Halten (*„Das habe ich schon alles geschafft“*).

Was ist zu tun?
Ritualisiere feste Pausen. Klinke Dich immer mal wieder aus dem Alltag aus. Mache nicht nur einmal im Jahr Urlaub, sondern auch immer mal wieder eine Kurzreise zwischendurch. Lasse Dich von neuen Eindrücken inspirieren, lerne Nichtstun, Tiefenatmung, Achtsamkeit oder Ganzkörper-Entspannung. Nimm Dir Zeit für Dich selbst.

Stufe 9: Das Ziel knapp verpasst?

Ich starte wieder neu

Das passiert jedem erfolgreichen Sportler nicht nur einmal im Leben. Die Vorbereitung war gut, der Trainingsplan wurde exakt eingehalten – und trotzdem hat es mit dem Meistertitel in diesem Jahr nicht geklappt. Platz fünf statt Platz eins. Verletzung mitten im Match. Aufgabe kurz vor der Ziellinie. Abbruch wegen Aussichtslosigkeit. Macht nichts. So etwas kann bei jedem Projekt vorkommen, das Motivation erfordert.

Was ist zu tun?
Mach einfach weiter. Und zwar jetzt erst recht! Bestrafe Dich nicht mit Selbstvorwürfen. Du weißt ja: Nur positive Motivation wirkt nachhaltig. Wäre doch Energieverschwendung, wenn Du nun alles aufs Spiel setzen, was Du bisher erreicht hast. Analysiere, an welcher Stelle und warum Du gescheitert bist, und setze genau da so bald wie möglich mit dem Weitermachen an.

Stufe 10: Bei Rückfallgefahr

Ich rufe bewährte Strategien ab

Du kannst erste Erfolge verbuchen? Sehr erfreulich. Vergiss nicht, Dich für jeden wichtigen Schritt zu belohnen. Du darst dabei auch noch mehr für Dich selbst tun als Deine Erfolge zu genießen. Gönne Dir etwas Gutes. Gehe in ein tolles Restaurant, um zu feiern. Kaufe Dir Dinge, die Dir Freude machen. Aber denke dran: Noch ist die Gefahr des Scheiterns nicht gebannt. Du musst weiterhin dranbleiben.

Was ist zu tun?
Mache aus allen neuen Erfahrungen, die sich bewährt haben, Rituale. Damit die guten Gewohnheiten kleben bleiben und Du Zeit für Neues hast. Und wenn Du doch mal schwach wirst? Rufe Dir einfach eingespeicherte Erfolgsstrategien ab.

Impressum

2. Auflage 2017

Cover und Layout: Martin Hammerschmidt / martin-hammerschmidt.com
Redaktion: Markus Schnabel
Bildnachweis: Timo Rende / dreihundertbilder.com, Fotolia.com: Coloures-pic, sepy, olly, fotogestoeber, pressmaster, ra2 studio, ArtFamily, lord_zigner, somartin, lassedesignen, luismolinero, vectorfusionart, kreativloft GmbH, somartin
Lektorat: Alexandra Michl, Fabian Wilhelmi

Die Methoden, Gedanken, Tipps, Empfehlungen und Anregungen in diesem Werk stellen die Meinung bzw. Erfahrung des Autors dar. Sie wurden nach bestem Wissen und Gewissen des Autors und mit größtmöglicher Sorgfalt erstellt. Sie bieten jedoch keinen Ersatz für einen ärztlichen Rat und / oder eine kompetente Betreuung durch einen erfahrenen Trainer / Psychologen.

Jeder ist weiterhin selbst verantwortlich für sein Tun und Lassen. Somit erfolgen die Angaben in diesem Buch ohne jegliche Gewährleistung oder Garantie des Autors, des Verlages oder seiner Beauftragten für Personen-, Sach- und Vermögensschäden.

Eine Haftung für eventuelle Nachteile oder Schäden ist ausgeschlossen.

ISBN: 978-3-9815194-8-8

Quellenangaben und weiterführende Literatur

Über Spiegelneuronen: Giacomo Rizzolatti und Corrado Sinigaglia; Empathie und Spiegelneurone: Die biologische Basis des Mitgefühls. Frankfurt a.M., Suhrkamp, 2008.

Ähnlichkeit Mensch/Affe: Thomas Geissmann; Vergleichende Primatologie. Springer, Berlin, 2002.

Der erste Eindruck: Janine Willis, Alexander Todorov, (im englischen Original „First Impressions: Making Up Your Mind After a 100-Ms Exposure to a Face"); Fachzeitschrift „Psychological Science", 2006

Bestandteile der Kommunikation: Albert Mehrabian: Silent Messages, 1. Auflage, Wadsworth, Belmont (CA), 1971.

Dirk Schmidt: Wenn Sie wüssten, was Sie können. amade Verlag, Düsseldorf, 2014.

Dirk Schmidt: Motivation – 88 Strategien und Impulse für Ihre Selbstmotivation. Gabler Verlag, Wiesbaden, 2011.

Keine Zeit zum Lesen?

DU bist das Produkt
gibt es auch als Hörbuch

DU bist das Produkt
als Audio-CD

gesprochen von
Andreas Herrler

Laufzeit: 183 Minuten

amade Verlag
ISBN: 978-3-9815194-9-5

DU bist das Produkt
als MP3-Download

gesprochen von
Andreas Herrler

Laufzeit: 183 Minuten

amade Verlag
ISBN: 978-3-9817512-6-0

Beruflich viel unterwegs?

Der **perfekte Begleiter** für jeden Verkäufer

DU bist das Produkt
als E-Book zum Download

für Amazon Kindle
im iTunes-Store
und im epub-Format

amade Verlag
ISBN: 978-3-9817512-0-8

Du möchtest mehr Motivation in Deinem Alltag?

Dieses kostenlose E-Book hat schon tausenden Menschen dabei geholfen Ihre Motivation auf ein höheres Level zu bringen.

Als Geschenk für den Kauf von „DU bist das Produkt“, erhältst Du das kostenlose E-Book zum Download

Gehe einfach auf **www.dirkschmidt.com/gratis-ebook** und hole Dir das kostenlose E-Book „Gewonnen wird im Kopf - Ihre 7 Stufen zum Erfolg“ von Dirk Schmidt.

Psst! Auf der nächsten Seite findest Du noch ein weiteres Geschenk!

Kostenloses Hörbuch gefällig?

Du möchtest mehr Motivation für unterwegs?

Ich weiß, welche Herausforderung es ist, ein Ziel allein anzugehen. Und falls Dir die Cheerleader zum täglichen Anfeuern fehlen, habe ich noch eine kleine Hilfe auf Lager. Mein Hörbuch „Gewonnen wird im Kopf“ lehrt Dir Techniken und Strategien, wie Du Deine Ziele durch mentale Stärke garantiert erreichen kannst, als Geschenk!

Ja, Du hast richtig gelesen. Geschenkt!

Gehe einfach auf **www.dirkschmidt.com/gratis-hoerbuch** und hole Dir das kostenlose MP3-Hörbuch „Gewonnen wird im Kopf“ von Dirk Schmidt.